在喧闹的世界里清醒地活

【比】伊利奥斯·柯苏 著

王新宇 译

WUHAN UNIVERSITY PRESS
武汉大学出版社

————

致卡罗琳，我的爱人，我灵感的源泉。

你的出现照亮了我生活之路上的每一步。

致阿德里安和奥雷利安，

我的朋友帕特丽夏·加西亚－普里多的两个生气勃勃的孩子。

你们的母亲与我友谊深厚，她友善并乐于奉献，

于我而言，她是快乐清醒的化身，

直到她生命的最后一刻。

————

目录
CONTENTS

序

有些人对幸福感到厌烦。他们说谈论幸福是非常愚蠢的一件事，因为人们对这一话题探讨得太多了——还有更多更重要的话题值得去讨论！

还有一些人对幸福感到担忧。他们认为幸福掌控了一切——对他们来说，我们必定会从选择幸福转变到必须幸福，如果我们不够积极也不常微笑，那么我们就有可能被幸福抛弃。

剩下的那些人，他们对幸福感到苦恼："我会幸福吗？如果会的话，会一直幸福下去吗？"

总之，幸福是一个美好的想法，

但看起来给人们带来了诸多问题，甚至使人们不再感到幸福。——也许，福楼拜反幸福的论调是对的，他在 1845 年写给阿尔弗莱德·勒普瓦范的信中说："你是否时常想过'幸福'这个可怕的词语让多少人泪流满面？如果没有这个词的话，我们会睡得更安心，生活得更自在。"

那么，我们是如何走到今天这一步的呢？

这一切都要从幸福说起：

在古希腊时期，哲学家认为寻觅幸福是合理的，有利于城邦的建设。亚里士多德说，幸福即至善。为了达到至善，关于智慧的教育和个人实践得到了大力的支持。但问题是，只有接受相应教育的古希腊自由人和公民才会找到幸福；而女性、孩子、奴隶和非希腊人只要可以生存就好了，幸福与他们无缘。

后来，宗教（这里指基督教）产生了。宗教鼓励人们（尤其针对那些被压迫者）期待幸福，但幸福并不在人世间，而在永生的来世。我们不必在人世间寻找转瞬即逝的幸福，只须期待来世永恒的幸福就好——就是上帝赐给我们的幸福；当然，前提是我们要配得上它。于是，信仰成为比智慧更稳妥的开启幸福之门的钥匙。于是，至少在西方，对灵魂救赎的探寻代替了对幸福的寻觅。

文艺复兴之后，启蒙运动带来了一场突如其来的真正的幸福大革命：在《独立宣言》中，幸福被视为不可转让的人权（在生命权、自由权之后，出现了"追求幸福的权利"），也被视为一种"新思想"传遍了整个欧洲。正如法国大革命期间圣茹斯特所说："这些美好的信念使幸福民主化，并成为每个人合法的向往，然而以前幸福只是精英的专属。"

一切本应自此顺利发展，然而新兴的资本主义社会阶层开始明白，人们内心对这种幸福生活的向往，成为获取巨额财富的巨大商机。于是，在20世纪，幸福开始被消费绑架（为了使家人、朋友和自己更幸福而购买汽车、衣服、物品或旅游等），同时也成为危险、荒谬的假象的载体。人们开始相信幸福只是一件消费品，几乎无异于其他商品，或至少是消费的副产品——消费等于幸福。

讨喜却虚假的广告语出现了："幸福并没有坏处""我要幸福""安心幸福""只有幸福！"，还有更多索然无味的广告词开始灌输到我们的思想中，看起来就像不容置疑的事实。

幸福，这个我们内心深处美好的渴望，被逼到了危险的境地。成功、财富、名望——这就是幸福，这些虚假而令人信服的假象越积越多，压得我们喘不过气来。

不，我们不可能一直幸福，我们不可能永保乐观！

是的，生活的确充满源源不断的苦难。幸福的存在不是为了阻止这些苦难的到来，或使我们忽略这些苦难，而是使我们有勇气面对它、有力量战胜它。

保罗·克洛岱尔曾写道："幸福不是生活的目的，而是一种生活方式"。幸福的首要作用是使我们生活得舒适惬意。

如果没有幸福，那么我们经历的或看到别人经历的所有不幸，都会使我们颓丧。这就是发生在抑郁者身上的事情：丧失体验快乐和幸福的能力，只将生活看作一连串的苦难。抑郁者的生活的确是这样——他们不会发狂，只是太现实了，现实到他们只看到了生活的阴暗面。

值得庆幸的是，生活不只有一连串的苦难——在苦难的前前后后，也充满了美好、欢乐、赞叹和感动……

因此，阿尔贝·加缪在引人深思的《反与正》随笔集中写道："我现在想要的不是幸福，而是觉醒。"

生活会让我们经历幸与不幸，幸福扮演的不是麻痹我们对不幸的感知的角色，而是我们内心正能量的源泉——幸福是我们内心的精神食粮，使我们以现实、乐观的视角看待生活。幸福是唯一配得上现实的不幸的。

看到了吧，我们离"只有幸福！"的口号还远着呢。

所以，为了摆脱一切关于幸福的假象，我们需要做一项该死的工作：尽管我们曾错误地认为幸福是永恒且容易获得的，但我们本也可以提及那些犬儒主义的假象和人类无法触及的幸福。

这就是这本智慧之书努力实现的一切：致力于以一种愉悦有益的方式使幸福的假象破灭，深深地清理人们对幸福的荒谬想法。

这本书使我们更加清醒和自由，帮助我们摆脱那些将我们引向错误、焦躁不安、不现实的幸福的假象。以真正的幸福替代虚幻的幸福，尽管真正的幸福并不完美，但它清楚明了。此书向我们展示了怎样不对幸福抱有幻想、不再等待幸福的到来，而应该怎样热爱幸福、更容易地获得幸福。

这是一本令人信服的作品，伊利奥斯·柯苏将心理学理论和生活常识有机结合起来。在心理学方面，伊利奥斯·柯苏充分地掌握着来自积极心理学的知识——这个蓬勃发展的研究领域不仅仅依靠美好的想法，同时也依靠测验和实验的方法来提升我们的舒适感。在生活常识方面，作者依然足够出色。我无法证明这一点，但请您相信我，因为我很了解伊利奥斯·柯苏。我甚至还清楚地记得我们第一次见面，距今也有几个年头了。

他来圣安医院拜访我，邀请我参加一个科学研讨会。因为我当时日程排得很满，所以对是否接受邀请迟疑不决，也没有表现得很热情。但我很快明白了拒绝他并不是那么容易的一件事。他热情似火、平易近人，却又不会让人感觉无法忍受或顽固不化。他向我阐明了他做这个研讨会与其他人不同的所有理由。然后，他送给我一板美味的比利时巧克力，微笑着与我告别。在领教了柯苏非凡高效的积极心理学的魅力之后，我接受了他的邀请。而且，此后每年我都愉快地参加他的研讨会。

事实上，幸福对我们每一个人都意义非凡，尽管我们如今竟然不屑于花那么一点点时间去思考这一话题，尽管我们已经被腐化的商品世界对"幸福"的包装洗了脑。

追求清醒和真实、接受复杂性和不幸，而又不会使我们抛弃幸福的观念，这让我想起了克里斯提昂·博班。博班是一位诗人，并不是一位学者，但他凭借自己敏锐的洞察力，巧妙地察觉了这一点，正如他在他的作品《传奇预言家》（Le prophète au souffle d'or）中描述的一个奇特的场景：

我正在削园子里的红苹果，这时，我恍然大悟，原来生活只是赐予了我一连串完全无法解决的难题而已。顿时，我的内心如深邃的海洋般平静。

博班通过简短有力的话语告诉我们：对于幸福，我们唯一正确的态度就是接受生活和不幸的事实。这种态度不但将生活和不幸的事实纳入进来，而且真诚地接受并认同它。这样，我们就可以获得幸福，深邃平和的海洋至少会时不时地浸入到我们的生活中。

和博班一样，伊利奥斯·柯苏的这本著作也是基于一种类似悖论的东西：要想得到幸福，就要坦然接受不幸、苦难和不完美。简言之，要全然接受这个世界的现实。接受看似与幸福完全相反的一面，因为生活仅仅如此——一个接一个的困难，虽然其中大部分无法解决，但这并不会阻止我们幸福地生活。

这部作品与我们谈 论幻灭与接受，这就是为什么它不是一本悲伤的书；相反，这本书轻松欢快、清新自然、散发能量，将会使您内心愉悦、精神迸发。

克里斯托夫·安德烈[1]

---

[1] 克里斯托夫·安德烈，法国著名心理学家、精神科医师，出生于法国南部蒙彼利埃，目前在巴黎圣安娜精神院工作，著有《恰如其分的自尊》《无处不在的人格》等。

引言

自从我们知道此生必死无疑，我们就再也不淡定了。

伍迪·艾伦

现在，您捧在手中的这本书，我对其倾注了全部心血。对幸福提出疑问并展开探讨。作为幸福研究员，时常出现在媒体中的我，今天在这里，重新对过度追求幸福提出质疑。虽然我不太确定关于个人发展的书和其他关于"心理秘笈"的书有什么作用，但我的这本书在某种程度上也属于这一类别。

　　这本书在哪些方面有所不同呢？其他"心理秘笈"的书向您兜售现成的解决办法，我更愿意将您的注意力引到某些"陷阱"上来，这些"陷阱"使我们远离充满意义的生活，同时我也会向您提出替代方法。因此，与其说这是一本秘笈，还不如说它更像一本图志，但它不会取代旅行这件事——每个人都可以实际操作，检验自己是否理解了这本书。我也希望通过严谨的科学研究来支持我的观点。

　　试着给幸福下定义可以填满整部著作，所以我只向您提出两个幸福的定义，并在科学研究中参考这两个定义。幸福的"享乐主义"概念认为，幸福充满快乐或积极的情感，但它缺乏痛苦或消极的情感。而幸福的"幸福主义"概念更多地涉及人内心的感受，认为我们的生活是完全值得体验的[1]，与快乐无关。即使我们体验到不舒适，但依然可以感受到生活的意义。我会在后面重谈这个话题。

人们对幸福的追问由来已久，这个问题跨越了数世纪，直到今天依然是诗人和哲学家研究的重点。例如：早在古希腊时期，亚里士多德就在《尼各马可伦理学》中断言，幸福即"至善"。离我们现在稍近的 17 世纪法国哲学家布莱士·帕斯卡对幸福做出了进一步解释：

"人人都寻求幸福，这一点是没有例外的；无论他们所采用的手段是怎样的不同，但他们全都趋向这个目标。使得某些人走上战争的，以及使得另一些人没有走上战争的，乃是同一种愿望。这种愿望是双方都有的，但各伴以不同的观点。意志除了朝向这个目的而外，就决不会向前迈出最微小的一步。这就是所有的人，乃至于那些上吊自杀的人的全部行为的动机[2]。"

我们当今时代的特殊性在于，大部分西方国家的居民拥有可以使他们幸福的外部条件[3]（有住的、有吃的、有用的，还有

---

[1] 瑞安和德西，2001 年。

[2] 《思想录》，第七编：道德和学说，425[377]. 此处及此后关于《思想录》的译文均选自何兆武译文版本。——译者注

[3] 但不幸的是，这并不是所有人的情况——在西方国家中，越来越多的人处于不稳定的环境中，没有舒适的生活条件。

很多自由，如：言论自由、结社自由），但他们并不一定幸福。

世界卫生组织的数据很具有说服力。据最新预测，精神疾病有增无减。自今至 2020 年，精神疾病有可能成为世界上紧随心血管疾病之后的第二个残疾病因。世界卫生组织甚至预测，自今至 2030 年，抑郁症将会成为世界首要病因[4]。

痛苦如此之多，丰富书籍、开展培训……这些慰藉心灵的方法看起来迫在眉睫。实际上，当我们在书店里，穿梭于"心理学"或"个人发展"的书架中时，会惊讶于眼前琳琅满目的承诺我们幸福的书籍。例如：《意图的力量》这部作品写道，"当我们与意图相连，我们周身便被一种和谐的氛围所控。我们会感到充满灵感、快乐幸福，我们的计划实现了，与其他人的关系变得和谐融洽，事情顺着我们的意愿而发展[5]"。再如，在《零极限》一书中，我们可以读到具体的方法，"……人们的愿望得以实现，并转变了职业、爱情和个人生活……这个简单而有效的方法释放您的灵魂，使您获得财富、健康、平静和快乐[6]"。最后，这本《秘密》[7]，作为关于积极思考主题的最畅销书之一，严肃地向我们阐述了"您可以拥有、成为并做到一切您所想"的观点。

---

[4] 第六十五届世界卫生大会《精神疾患全球负担以及国家层面的卫生和社会部门进行综合性协调应对的需求》A65/10 报告，http://apps.who.int/gb/ebwha/pdf_files/WHA65/A65_10-fr.pdf

[5] 韦恩·戴尔博士：《意图的力量——学习以您的方式共创世界》，AdA 出版社，2004 年。

[6] 乔·维泰利和伊贺列卡拉·修·蓝：《零极限：创造健康、平静与财富的夏威夷疗法》，法文版白海豚出版社，2008 年。

[7] 朗达·拜恩：《秘密》，不同的世界出版社，2008 年。

这些作者认为，解决方法之高效，好似一种自身携带的魔力，简单而快速地就可以解决所有问题。

那么这些假设的基础又是什么？它们得到事实或科学的验证了吗？它们真能改善我们的生活质量？以下就是这本书的关键所在。

在解决了我们的社会提出的理想化的幸福之后，在第一部分里，我们将会分析四个幸福的幻象，这些幻象像事实一般被大肆宣扬。我们特别利用了实验心理学的最新研究成果将其全部解构。我们将探讨对不舒适的排斥，这种排斥会使人更加痛苦。然后，我们将讨论积极思考及其潜在的反作用和过度自尊造成的伤害。最后，我们将探究自我中心主义的后果。

此书的第二部分没有赘述同样的话题，而向您提出了可行的替代方法，来使您从之前提及的死胡同里走出来。我们将会了解对情感的忍耐，怎样使我们不会加重痛苦而更自由地生活，即使是最痛苦的情感。我们将会探索怎样摆脱心理的束缚，以及它为什么比积极思考提出的控制心理更可行。然后，我们将会明白，意识到自己的脆弱和善待自我为什么是摆脱他人看法的关键。最后，我们做出总结，忘记自我会使我们以更宽广开放的胸怀拥抱世界，选择清醒会使我们更快乐地生活。

这些建议并不会像神奇的魔法棒一样快速显灵，但我们需要对其理解消化，慢慢地，我们会越来越自由。这种自由并不是折射自我的个人主义意义上的自由；相反，这是一种将我们与充满意义的生活相连、与他人相处的自由；这是一种赐予我们面对生活的困难，选择怎样面对而不是无意识行动的自由；这是一种当我们无力改变生活时，给予我们享受当下、享受我们拥有的一切的自由。

这本使您清醒的书并不总让人舒适惬意——意识到现实有别于我们的期待有时是令人痛苦的。但明白了这点有益无害，这会帮助我们以敏锐的洞察力走上令我们满意的生活之路，使我们避免在寻找没有幸福的幸福之路上迷失自我，就像在路灯下找钥匙的酒鬼。一位善意的路人试着帮助这个酒鬼，过了一会，路人问酒鬼："您确定把钥匙丢在这儿了？"酒鬼指着一条昏暗的门廊答道："不，我把它们丢在那边了。"然后又补充道："至少在这儿有灯光啊。"

1

理想化的陷阱

————

因而我们永远也没有在生活着，我们只是在希望着生活；

并且既然我们永远都在准备着能够幸福，

所以我们永远都不幸福也就是不可避免的了。

————

布莱士·帕斯卡

————

"每日能多益[1]，幸福抹抹抹""喀斯特拉玛[2]，幸福的伙伴""MMA[3]，幸福的保障""小贝勒[4]，360°的幸福""雷诺风景——为幸福腾出空间""地中海俱乐部[5]，全世界的幸福"，当然还有可口可乐的"为所有人的幸福"！我们把幸福当作广告媒体的调味品，在各种研讨会上、培训班里讲授幸福，难道幸福成为所有人争相寻找却徒劳无获的新的圣杯吗？实际上，如今人们向我们兜售的是一种没有考验与痛苦的幸福生活的想法。我们大脑中充斥着各种关于理想化的幸福的画面，这些画

---

[1] 能多益（Nutella）为意大利费列罗厂商生产的榛果巧克力酱，可涂抹在面包上以增添美味。——译者注
[2] 喀斯特拉玛（Castorama）为法国著名的家装品牌。——译者注
[3] MMA 为法国一家保险公司。——译者注
[4] 小贝勒（Babybel）为法国著名的奶酪品牌。——译者注
[5] 地中海俱乐部成立于法国，是目前全球最大的旅游度假连锁集团。——译者注

面只包含快乐的生活。理想化的生活支撑着市场，向我们兜售一系列产品和服务。幸福贩卖商向我们保证，无论什么样的商品，小到洗涤剂，大到汽车，再到旅游或培训，都会使我们满意。

幸福是"持续心满意足、身心舒适平衡，没有痛苦、压力、不安和困惑的状态[6]"吗？生活就是疾病和死亡离我们远远的？那么爱呢？夫妻间呢，就应该完全和睦相处，没有争吵，拥有完美身材，当然还有旺盛的力比多吗？完美的父母、勤劳的工作者、公民榜样……总之，幸福正悄然成为我们消费社会的新宗教。

这些概念通过强调个人充分发展、实现快乐和避免痛苦，使幸福在享乐主义方面极度增值[7]。但追随这种意识形态，我们不会走向乌托邦吗？归根结底，我们不应该冒着失望与不满足的风险，将"应该是那样的"与"实际是那样的"做比较？也就是说，我们不应该将使人幸福的假象与充满困难与痛苦的现实做比较？

---

[6] fr.wikipedia.org/wiki/Bonheur
[7] 瑞安和德西，2001 年。

强迫幸福

幸福是全人类的追求[8]。让我们以幸福的重要性的调查为例进行说明：这个调查涉及来自 41 个不同国家的人，在 1 至 7 的评分等级中，1 代表"一点也不重要"，7 代表"极其重要和珍贵"，被调查者对幸福重要性的评价的平均值为 6.39[9]。不出所料，西方国家的参与者抬高了幸福分值，但巴西（6.62）和印度尼西亚（6.63）的分值也不低。这次评价在美洲文化中急剧发展，美洲参与者还参与到另一项研究中，他们特别认为幸福的人更有可能上天堂[10]！幸福就这样被理解成需要执行的命令：我们在生活中的所有领域里，就应该幸福，就应该快乐。这种幸福成为使我们感到生活有意义的条件。然而，这种对幸福的强迫，可能会使我们不再关注实际发生在我们身上的事，不再客观地看待生活，而是与我们应该感受到的东西做比较来评价生活。但这又能比较出什么呢？

为了探寻对幸福过度追求与舒适感的关系，艾瑞斯·莫斯

---

[8] 相反，显而易见的是，对于幸福的概念和实现方法存在着文化差异性。

[9] 迪纳（Diener）、萨比塔（Sapyta）和修（Suh），1998 年。

[10] 金（King）和纳帕（Napa），1998 年。

（Iris Mauss）教授和她的斯坦福大学的同事们[11]衡量了个体对"幸福是必须的"这一看法的偏好。个体需要对不同的论断做出评价——"幸福的程度会影响我生活的意愿""我想比现在更幸福""为了拥有一种值得经历的生活，我必须在大部分时间里感到幸福"。教授们还在最近的 18 个月内对他们进行了关于压力对他们的生活、舒适状态和抑郁程度的考量。这项研究显示，在极小压力的情况下，当极端环境无法解释不舒适（我们"应该"幸福）的原因时，是那些总对幸福纠缠不清的人的舒适感最低而抑郁程度最高。

布里吉特感到不自在，她总感觉什么地方不对劲，"我是家庭主妇，是三个孩子的母亲，我物质上什么都不缺，所以我应该是幸福的。但我一定出了什么问题，因为我并不感到幸福"。布里吉特因不幸福而悲伤，因不快乐而痛苦，这使她陷入到悲观情绪的恶性循环中。对于她来说，与很多人一样，对幸福的过度追求导致一种感觉一切都不可能实现的精神状态。

因为我们很难控制我们的舒适感或不舒适感（我会在下一章做更详细的阐述），所以我们不能想幸福就幸福。

---

[11] 莫斯、塔米尔（Tamir）、安德森（Anderson）和萨维诺（Savino），2011 年。

期待

我们对目标的重视不但决定了我们想要实现的梦想，而且决定了我们评价成功的标准。对学业上的成功过于看重，对自己过于苛刻的人一旦得到不理想的成绩，绝对会极度失望。但通常情况下，这种失望会成为他更努力学习的动力。就生活中的具体方面（运动、学习等）而言，梦想与现实之间的差距并不是目标实现的羁绊。然而，幸福与其恰恰相反——对幸福的追求会导致与最初目标完全相悖的结果。如果我们对这个目标纠缠不清，那么我们可能会因不幸福而不开心或失望，这种失望不快的状态会成为幸福的阻碍。

我们的期待会在生活中最平常的情况下影响我们的舒适感。举这样一个例子：雅纳晚上8点下班回家。他的伴侣的反应会因在晚上7点半或晚上10点开始在家里等他而大大不同。在第一种情况下，她很有可能埋怨他回家太晚；而在第二种情况下，她会满心欢喜。我们的期待越高、目标越容易实现，我们就越容易因此受到影响。例如：我们会对一次容易的考试或面试比一次较难的考试的失败更失望。在我们对某些特别的东西有所期待的任何情况下，都会产生这样的结果。当得知一个坏消息时，比如某人的去世。我们不会惊讶于我们伤心欲绝，因为我们认为这件事是"正常的"。但我们会因为没有去这个天堂般的地方度假，当所有朋友回来时都对其赞叹不已而烦恼不堪。

在另一项研究中[12]，艾瑞斯·莫斯和她的同事们证明了对幸福期待的坏处。一半的参与者需要读一篇夸耀幸福的优点的虚构文章，这篇文章里含有诸如"更幸福的个体比一般幸福的个体更能获得成功，身体更健康，也更受欢迎"的论断；而另一半参与者阅读一篇关于其他主题的文章。然后，他们随机看一部喜剧或悲剧电影。研究人员发现，在那些看悲剧电影的人中，读过关于幸福优势文章的人并没有比其他人更痛苦（看悲剧电影不会感到快乐是"正常的"）；相反，在那些看喜剧电影的人中，他们没有比其他人更快乐。

斯库勒、艾瑞里和洛文斯顿在 2003 年[13]进行了一项关于听音乐感受快乐的研究，也得到了同样的结果。在这项研究中，参与者要听一段斯特拉文斯基的《春之祭》选段，之所以选择这首乐曲，是因为它不欢快也不忧愁的中性特质。参与者被分为三组：第一组被命令在听这段曲子的时候，试着将情绪调到尽可能最兴奋的状态；第二组在听的过程中，要借助幸福值来

---

[12] 莫斯、塔米尔、安德森和萨维诺，2011 年。
[13] 斯库勒（Schooler）、艾瑞里（Ariely）和洛文斯顿（Loewenstein），2003 年。

衡量他们的幸福程度；而控制组[14]（也称对照组）没有接收任何命令。结果显示，前两组的成员更不幸福。研究再一次表明，强迫自己幸福或持续询问自己的状态会阻碍我们享受当下。

这些研究人员还表示，我们对某一节日越期待（在他们的研究中指的是跨年夜），我们可能会越失望。我们再一次看到，强迫幸福并不一定会使我们幸福。

"巴黎综合征"是一个证明理想化和失望是一对冤家的有趣的例子。一些日本游客会患上这种急性心理疾病，他们会因这座"光明之城"给予他们的理想画面（例如：艺术大爆炸时期的蒙帕纳斯或《天使爱美丽》中剧作化的巴黎）与现实体验（肮脏、噪音过大、社会交往困难或与世隔绝）的巨大差距而惊慌失措，他们被这种像谵安症一样的严重的精神症状所折磨[15]。

---

[14] 在科学研究的实验中，我们通常将实验组（在此实验中，指的是压制情感）与对照组进行比较，对照组也叫控制组。

[15] 维亚拉（A. Viala）、奥达（H. Ota）、江诗（M.-N. Vacheron）、马丁（P. Martin）和卡罗利（F. Caroli），《日本人在巴黎的病态旅游——一个承担跨文化交际的原创范例》（Les Japonais en voyage pathologique à Paris : un mod è le original de prise en charge transculturelle），《叶脉》期刊，第 17 期，第 5 号，2004（6），第 31-34 页。

夫妻间的理想化

　　婚姻生活同样为我们展现了理想化的弊害。我们中大多数人希望在某处遇到一位完美伴侣。一旦遇到这个人，童话就实现了：相处和睦、沟通顺畅、情投意合……于是，这意味着，如果婚姻生活并非如此，那么说明我们没有找到那个对的人，或者我们还没有经历真正伟大的爱情。负责传播这个荒诞无稽的想法的重要媒介就是电影和杂志，如《人类》（people）（这是在法国被印刷最多的杂志——每周有超过 250 万份的销售量），当然也少不了歌曲。显然，我们应该对这种情况做细微的区分——如果这些不同的媒体可以使我们加快理想化的进程，那么我们也可以发现一种相反的做法——电视连续剧将平凡生活中的英雄搬上荧幕，甚至也有像《嗜血判官》或《豪斯医生》这样的"反英雄"式电视剧，当然也有像史瑞克一样颠覆理想化的死板教条的人物。《人类》杂志当然也报道了我们喜爱的明星的不幸和丑闻，但主旋律还是放在那些成功的人身上。我们追随着他们用金钱、爱情、荣耀、能力等一切外在特质造就的完美生活，而我们的社会将这些外在特质统统与幸福相连。在这些杂志中，明星身材惹眼、面色红润，并且拥有成功的感情、职业和家庭生活。

不言而喻的是，我们在其中读到了一个现代女人应该同时是一个工作出色的好妻子、好母亲。男人也不例外——我们对理想型的完美男人，特别是对于他们做父亲的角色或他们的敏感性方面，总会提更多的要求。

因此，很多夫妻都设想他们最初的感情、最初的心动、愉悦和对彼此的吸引力会一直持续下去，不需要努力也无须折衷。一旦感情改变，对他们来说，这必然意味着彼此的关系无法继续发展下去，因为他们的关系不再是理想型的典范。

我们心头同样萦绕这样的想法：我们的伴侣就应该以我们设想的方式行为处事，不需要我们要求，自然而然地满足我们的欲望。对爱情失望的人，他们以犬儒主义的方式谈论夫妻关系，陷入同样的假象中——他们的幻想没有破灭，而自认为并没有陷入什么假象中，但实际上他们正身处于海市蜃楼里而全然不知！而相信幸福并不属于他们又使他们恼羞成怒。

就这一话题而言，哲学家米歇尔·拉克鲁瓦（Michel Lacroix）引用了丹麦的存在主义作家索伦·阿拜·克尔凯戈尔的例子：据传，索伦为了捍卫他对理想婚姻的观点而离开了他的未婚妻。索伦被理想化的思想禁锢，坚信他们之间的关系只会每况愈下，于是他选择了分手，即使他并不怀疑他对未婚妻的爱。塞尔日·甘斯布也在他的歌曲中表达了他进退维谷的境地——"害怕幸福逃离而逃离幸福。"

这种想法同样会出现在新的会面中：如果我们执着于"理想型"的恋爱关系，而不去真正与某个人见面，那么我们仍然身处于幻想中，这种幻想在我们和其他人之间像滤器一样横插进来，阻止我们与他人真正的会面。在关系破裂之后，上一段关系的理想画面仍然停留在我们和新遇到的人之间，可恶的三角关系就这样潜入我们的思想中。

相信并依赖于一个虚幻的典范，这种思考方式同样也存在于性这一方面。脑中略过"应该是怎样的"画面，通常会阻碍我们的舒适和愉悦，在我们和夫妻关系间支起一道屏障。

在一项 2012 年实施的研究 [16] 中，390 对夫妻就他们对夫妻关系的满意度和投入度进行了回答。这项调查同样评估了参与者对电视节目的喜好、看电视的频率和对电视里播放的爱情故事的认同感。那些最相信电视里的浪漫情调的人表现出对夫妻关系投入最少，而且试图将电视里的情景替代自己的情况。研究也显示，一个越相信理想化的典范的人，对夫妻关系投入的"成本"越高（失去空闲时间、缺乏自由、注意对方的缺点……）。

相信并试图贴近理想化的典范会导致我们不断与这些典范做比较，并会认为自己的夫妻关系平淡无奇。这些比较会激起我们对夫妻关系的不满和失望，并愈演愈烈。

---

[16] 奥斯本（Osborn），2012 年。

理想化、个人主义和孤独感

对幸福过度追求也可能会导致个人主义膨胀。个人主义的积极影响之一是发展个人自主和个人实现，将其位于首要地位，但它会使人产生攀比的思想，使每个人上演自己幸福的独角戏。对幸福的追求会消极影响我们的社会关系，而社会关系却是我们生活平衡和舒适的基础。

因此，强迫幸福也是一个使人脱离社会的因素。如果我坚信我的成功和幸福比我的人际关系更重要，或者与人际关系无关，那么我可能会渐渐忽略人际关系。一项对 320 个个体的研究，首先评估了个体把幸福当作迫切需要实现的事的程度，以及他们追求幸福的倾向。然后，这些人在睡觉之前，要填一份调查表，他们要记录一天中压力最大的时刻及其程度，以及在怎样的程度下感到孤独，调查持续 14 天。研究显示，越看重幸福的人，越在压力大时感到孤独[17]。

在另一项实验中，我们将实验对象的样本设为"过度追求幸福"，并对实验对象进行研究。我们发现，他们体内的黄体酮[18]值最低。强迫幸福会使我们感到孤独，甚至会使我们感到痛苦。大量科学研究显示，孤独与不适紧密相连[19]。

---

[17] 莫斯、萨维诺等人，2012 年。
[18] 黄体酮是一种特别显示与社会联系程度的激素。
[19] 卡乔波（Cacioppo）、休斯（Hughes）、维特（Waite）、霍利（Hawkley）和提斯特德（Thisted），2006 年。

过度追求幸福的后果：一个给人缺失感的社会

我们的消费社会建立于幸福在别处的想法之上，但是我们可以购买幸福！一旦我们拥有了一切物质生活的必要条件，按照消费社会体系的逻辑，我们就会继续产生新的欲望。这些欲望将我们的注意力从生活中必要的东西移开，唆使我们总是做比较。

那么导致我们可能强迫自己得到理想化的幸福的征兆是什么？例如："当……的时候，就会……"这样的句子（当我有一份新工作的时候，我就会最终感觉很舒服）。这种想法使我们相信幸福是需要征服的，如果我们的生活环境改变，新生活充斥着新的物品，房子更大了或电话更小了，那么一切会更好。这是基于失望和缺失感而构建的保护消费者权益运动的准则——让我们更多地消费，给我们灌输欲望、幻想、虚构的心灵处方。

这个体系也迫使我们进行社会比较：无论是物质方面还是社会地位方面，看到其他人有而自己没有的东西，会心生嫉妒。不出所料，科学研究紧接着证明了物质欲望和嫉妒会导致对生活的满意度降低、失望度提高[20]。例如：一项研究设置了这样的场景：

---

[20] 史密斯和金（Kim），2007 年。

给参与者展示美女的图片。结果不出所料，到实验最后，那些看了更多图片的人对他们的夫妻关系比其他人更不满意[21]。

在像脸书这样的社交网络上，我们同时坠入两个陷阱里：只看到其他人的优势，以及与一个通常触不可及的理想典范做比较。

我们哪次不会说到，或哪次不会听到这样的话语："当我有了这样的社会地位、那样的车、这么多孩子、那么多存款、实现这样的计划，那么我就会幸福的。"显然，持续不断地期望得到我们没有的，会阻碍我们欣赏自己拥有的。雪球越滚越大，我们的信念得到了证实——我们并不幸福，只有到地球的另一端，将脚趾浸入到那里半透明的海水中才会幸福。幸福被当作一件消费品，与快乐混为一谈：幸福只能转瞬即逝。幸福像一个人人都期待的终点站，实际上却无法到达。弗雷德里克·贝格伯德在他的小说《99法郎》中以讽刺手法描述了这样的一个世界："梦幻之国是我们永远无法到达的国度。我用新事物将你们灌醉，而新事物的优点，就是它永远不会保持新鲜，总会有更新的事物让原来的事物光华散尽。让你们垂涎欲滴，我多么神圣的职业啊！干我这一行，没有人祝你幸福，因为幸福的人不消费[22]。"

在个人发展或治疗学领域里存在同样的现象：为了找到最终使他们幸福的东西，一些人从这个培训跳到那个培训，或从这项治疗改到那项治疗。

---

[21] 同上。
[22] 《99法郎》，巴黎，格拉塞出版社，2004年。

总之，如果理想化的幸福成为一份债务（幸福理所当然应该属于我们，这是生活欠我们的）或一项义务，那么我们很有可能会大失所望。我们越希望靠近幸福，越会因得不到幸福而痛苦。因此，当我们期待着理想化的幸福充盈我们的日常生活时，我们正一步步脱离我们的生活。这使我们筋疲力尽，不论是在尝试实现幸福的行动上，还是在思想上、在反复思忖与不断询问的过程中，我们心力交瘁，再也不能将精力投入到对我们真正重要的事情上了。而且，我们知道，这种对现实的理想化画面会蒙蔽我们的双眼，使我们忽略近在咫尺的解决办法。

　　一位农夫生活在靠近河边的农场里，一波波洪水淹没了他的床。他的邻居开着卡车过来，想要在洪水将他的房子冲垮之前带他离开这里。"哦，不！"农夫答道："上帝会来救我的。"水位不停上涨，农夫躲到了楼上。一艘搜索受困人员的小船经过，救援人员要他登船。"哦，不！"农夫又答，"上帝会来救我的。"水位上涨迅猛，以致农夫不得不爬到房顶，一架国民警卫队直升机前来救援，但农夫再一次拒绝了。这时，水位再次上涨，农夫被淹死了。农夫来到了天堂，指责上帝，并要求上帝做出解释。"我一生秉持虔诚的信仰，为你效忠，你怎么能让我死呢？"上帝缓缓地答道："我给你派了一辆卡车、一艘船和一架直升机，然而你一样都不接受，那现在就不要到我这抱怨什么了！"

控制的假象

　　最后一个假象：为了实现真正的幸福，我们自己、我们的丈夫、妻子或孩子应该有所改变。我们不应该再受苦，一辈子要活得如我们所愿。在某种程度上，世界应该服从我们。让自己感到不满足的绝佳方式是期待其他人爱我们所爱，恨我们所恨。我们希望他们与我们有所区别，而根据定义这又是不可能的！让我们心里想着这样一个命令："自然点"。实际上，我们真的很难服从这个命令——我们自然或不自然，都是无法要求的。这与女人想要她的丈夫送她花是一个道理。一天，女人对她丈夫说："你知道吗，菲利普的妻子跟我说，她丈夫上个礼拜送给了她一束特别漂亮的花，她特别高兴。"晚上，她的丈夫回家时带着一束娇艳美丽的花。她也会同样满意吗？根本不是：他送给她花本应该让她高兴的，不是因为她要求他这么做，而是因为他"自然地"这么想。母亲很想让她的儿子高兴，于是送给他两条领带，一条绿的、一条蓝的，并无特殊举动。第二天，母亲看到儿子带着那条绿色的领带，对他说："我就知道你不喜欢那条蓝色的领带[23]。"

对于我们的孩子是同样的道理：我们想让他们成绩优异、热爱学习。我们希望自己的孩子可以更好并鼓励他们，这是可以理解的。但既不是我们，也不是他们能够控制他们是否热爱学习。因此，这只是自然而然无法实现的客观事实。

如果我们的孩子不符合我们心中的理想型，我们就会让他们受苦，这可能会在我们和他们之间产生一道隔阂，确切来说，这道隔阂实际上是我们的愿望与孩子的能力所及的距离。

理想化通过使我们追求不存在的目标，为失望和沮丧创造了有利的温床。为了幸福，理想化强加于我们不现实的条件，渐渐使我们远离幸福。正如美国作家、古人类学家罗伯特·阿德雷概括的那样："我们通过强迫自己实现无法实现的东西，会使可实现的东西成为不可能[24]。"

就此而言，这种态度使我们脱离了现实，因此脱离了生活本来的样子。这种态度也阻碍了我们迎接并享受在我们身上发生的好事，阻碍了我们欣赏近在咫尺的幸福。理想化的幸福就像在塞缪尔·贝克特的剧作中的戈多一样——这个所有人等待的却永远不会到来的主人公。在本章开篇引用的帕斯卡的语录

---

[23] 保罗·瓦兹拉威克：《制造您自己的不幸》，巴黎，焦点出版社（Points），2009 年。
[24] 《社会契约：一项关于有序与无序的演变来源的个人调查》(The Social Contract : A Personal Inquiry into the Evolutionary Sources of Order and Disorder)，纽约，雅典娜神殿出版社，1970 年。

此时终于有了它的意义："因而我们永远也没有在生活着，我们只是在希望着生活；并且既然我们永远都在准备着能够幸福，所以我们永远都不幸福也就是不可避免的了。"

第一部分

幸福的陷阱

2

对抗不舒适的弊害

———————

我们是我们所拒之物的俘虏。

———————

斯瓦米 · 普拉吉难帕 (Swami Prajnanpad)

———————

"梦想的生活没有不舒适"，社会向我们贩卖这样的想法，但这可能实现吗？我们的文化将快乐的价值和"感到舒适"的重要性放于一切之首。这种"幸福"的状态成为一个标准，一种强制：如今，我们认为悲伤、焦虑、思乡的情绪是不正常的。我们将在这一章里了解这种想法是怎样成为痛苦和不安的源头的。

当我们深陷困境，不舒适通常由不舒服的感觉和情感表现出来，例如：不满、沮丧、焦虑或悲伤。为了阻止这种情况发生，我们习惯对抗我们自身的情感。我们试着消除这些情感，阻止它们或至少控制它们。为了摆脱它们，我们试图在身体上和心理上忽略它们的存在。

几年前，我和我的伴侣及两个朋友去尼泊尔高山远足。为了到达一座位于山顶的壮美寺院，我们在山谷和雪顶间走了好几天。回程时，也就是在到达的两天后，我右脚上起的水泡越来越多，以致我疼痛难忍，再也无法前行。我们的急救箱简陋不堪，就连绷带也没有了。为了摆脱疼痛，我用尽所有办法试着不将太多重量放在我的脚后跟上。这不但没有奏效，反而刺激了我的肌腱。我的腿特别疼痛，以致我忘记了脚痛。诚然，我的第一个问题解决了，但是用了什么方法啊！

我们将这种情感的运作方式称为情感回避。我在本章探讨的就是这种回避，特别是对我们内在不舒适的回避。科学家从两个方面定义这种行为：拒绝体验令人不快的情感、感觉或思想；我们采取行动以试图控制或改变这些情感和产生这些情感的状况。

我们首先要明确的是，情感回避对于自身没有任何坏处。这是一种使用恰当的生存机制。不买使你过敏或不消化的食品是完全合乎情理的，就像在手术后服用镇痛药一样。只要灵活、恰当、有节制地使用回避不舒适的策略，就不会有问题。但当我们过于死板且过度回避不舒适时，我们可能会感到更加不舒适，使我们远离对我们更重要的东西。

回避的悖论

很多情感回避的行为在短期内很奏效，这些做法确实不错。最明显的一些例子，如：在经历高压状态（争吵、承担重要工作）后喝酒、吸烟、狼吞虎咽一大包薯片或一板巧克力。但这些行为只是在短期内缓解了我们的压力，我们之后会很快依赖这些方法。为了有一个好心情，对孩子（或伴侣）不发脾气，晚上抽一支烟成了必不可少的一件事。对于这种做法，我们没有做出任何行动来解决产生不舒适的问题，因为我们有自己的"魔法药水"！问题是，这个策略并不会长期有效，而且，还有可能产生其他后果，就像我的尼泊尔探险一样。

由于紧张的工作或私生活中的争吵，在高压状态下的一天过后，吉勒喝了五杯红酒，而不是平常的一杯，他很快感到如释重负。显然，这种选择几乎不可能长期奏效——喝酒既不会解决他的工作问题，也不会解决他的个人焦虑问题。但是，因为这个"解决办法"对于暂时缓解他的焦虑极为有效，如果第二天再出现同样的情况，这个"解决办法"会加强他回避的行为，鼓励他喝酒，而不是面对问题。实际上，吉勒在实践过程中遵循了一个关键的原则：他重复做同一件事，这件事在短期内会带来积极的效果。但是，对于中期或长期而言，他的焦虑可能还会更加严重。还要考虑到吉勒在喝酒时备感惭愧，这也是他一直避免或控制的另一种不舒适的情感。就像小王子遇到酒鬼：

"你在这儿干吗呢？"小王子问酒鬼。酒鬼静静地坐在一堆空瓶子和一堆装满酒的瓶子前。

"我喝酒呢。"酒鬼答道，神情忧郁悲伤。

"你为什么喝酒？"小王子问道。

"为了忘记。"酒鬼回答。

"忘记什么？"小王子已经有些可怜酒鬼。

"为了忘记我的惭愧。"酒鬼低垂脑袋坦白说。

"惭愧什么呢？"小王子很想挽救他。

"我惭愧喝酒！"酒鬼说完再次陷入沉默中[1]。

但是，为了回避这种情感，除了把瓶塞推得远远地，还能做些什么呢？

在我以下的话语中并没有偏见。我们有自己的回避策略，这种策略会对我们和他人都长期具有毁灭性。电视、网络、工作、酒精、药物或巧克力，这些行为并不会带来问题，关键是我们为什么会做出回避的行为。当我们回避不舒适的情感而做出某种行为时，我们对它的依赖可能会呈螺旋形上升。事实是，我们不可能控制内心的感受，我们不能逃避自己。因此，长此以往，回避产生一种悖论：我们越来越不舒适。大量科学研究证明了回避在

---

[1] 安托万·德·圣·埃克苏佩里：《小王子》，巴黎，伽利玛出版社，1943 年。

心理学和多种行为举止中的核心地位，这些回避行为有酗酒、自残、飙车或精神病药物滥用[2]。它们都有一个共同点：试图麻痹情感，以及痛不欲生的经历。

当我们与不舒适做斗争时，我们全身心投入到战斗中，全力以赴对抗敌人。难于对抗的情感成为我们生活的中心。我们越打击它们，它们越强盛。我们因压力而神经紧绷，因焦虑而惶惶不安，因恐惧而失去安全感，因愤怒对抗怒气……恶性循环就这样产生了——我们总会感受到更多不舒适的情感，因此我们总会更加努力寻找回避的方法。

当我们遭遇流沙时，第一个本能反应是挣扎着逃跑。但是，试图拔出一只脚逃跑时，我们会将全身的重量放到另一条腿上，身体会越陷越深。我们越是挣扎逃跑，我们会越陷入到流沙中。绝境与我们不舒适的情感、感觉和思想是一致的。回避和斗争是问题中不可缺少的组成部分。但是，众多研究个人发展的作者对其并不重视："当您感到不适时，您会不断吸引更多不好的东西……当您感到不适，却不做任何努力而改变您的思想使您感觉更好时，您实际上是在说，'带给我更多的不适吧。都带过来吧！'"《秘密》[3]一书中的这段节选认为，回避不舒适的情感是理所当然的，因为这些情感会吸引不幸。以上就是我对情感回避是一种危险行为的诠释。

---

[2] 金士顿（Kingston）、克拉克（Clarke）和雷明顿（Remington），2003 年。
[3] 朗达·拜恩，前引书。

环境回避会产生不舒适

情感回避不仅表现为试图对不舒适感受的控制，它还包括逃离使我们产生这些情感的环境。因此，回避导致我们对一切潜在使人感到不舒适的环境或人，产生出一种强烈的反感。如果有一天我们在某一社交场合中感到不舒适（这在每个人身上都曾发生过），我们坚决不想再去体验这种感觉，我们会试图回避任何使我们重新产生不舒适感的情况：不论什么节日、婚礼、朋友聚会，甚至是工作会议。

朱莉再次向我讲述她最近受邀参加朋友聚会而产生的不舒适。她有一次参加聚会，陪她的两个朋友都很快结识了新伙伴，而只有她孤零零地度过整晚，她感到被人抛弃，无法享受聚会美好的气氛。从那个时候起，她总会找一个好借口回绝此类邀请。如果在她拒绝邀请的时候，不舒适的程度降低，这说明她要逃避一个潜在使她不舒适的情况，那么这种不舒适感会随着她独自在家度过的时光而不断增强。她会重新感到自己毫无价值、被人抛弃，还会想像她那些玩得起劲的朋友。

为了试图逃避焦虑，如今，如果萨米尔不认识所有宾客，他就不接受任何邀请。随着时间的流逝，他拒绝的邀请和人越来越多，他几乎不再出门，因为害怕被抛弃，他也不再投入到任何新的人际关系中。相反，他日日夜夜地思考，预测在这样或那样的环境中他可能感到的不舒适。

不计一切代价回避不舒适，我们会很快像朱莉和萨米尔一样，因放弃各种活动，各种有益的、快乐的，甚至是重要的时光而备感拘束。在公共场合讲话、乘坐电梯或飞机、打电话——我们的生活之剧在不断缩短，生活越来越局限。我们会因强迫自己回避而失去自由、错失机遇。

横在我们和对我们重要的东西中间的情感回避

　　另一个回避的副作用是阻碍我们获得对我们真正重要的东西，阻碍我们长期拥有富裕生活。不要再欺骗自己或相信什么听来的故事了——生活中我们必定会遇到困难、不舒适和考验。工作、婚姻生活和家庭生活，生活中各个方面都会让我们产生不舒适的情感。如果一想到双脚疲倦（或起水泡）就退缩，那么我们永远不会再爬山了。同样，受制于对不舒适的回避，即使是为了从事梦寐以求的工作，我们也不会去努力学习；即使想拥有傲人的身材，我们也不会去运动，而是开始采用可能无须努力就可以瘦下来的"魔法"饮食法，但这种方法有害我们的身体健康。如果我们不接受不舒适的风险，我们就不会改行做我们想做的事，就不会开一家梦寐以求的公司。在这种情况下，当我们所爱之人（亲友、配偶、孩子）因情感受困、难以自拔时，我们会很快无法忍受他们难以应付的情感。一些母亲无法给她们的孩子立规矩，因为她们无法忍受给孩子立规矩后产生的强烈的情感冲击。在情侣关系中也是这样：害怕被抛弃、背叛导致一些人回避所有真正的亲密关系。让我们再举这样一个例子。

一些人因害怕受苦而拒绝投入到一段感情中，或因害怕被抛弃而只与他们不感兴趣的人谈恋爱。另一些人只要看到恋爱关系向谈婚论嫁的方向发展，就结束这段恋情——害怕被拒绝导致他们为了不被抛弃而首先离开。

对我们越重要的东西，越会戳中我们的软肋——只有在我们眼中有价值的东西才会使我们痛苦。一次又一次地推开风险或逃避任何不舒适的状态，会使我们拒绝全身心投入，与生活中对我们重要、有意义的东西擦肩而过。我们是回避的俘虏，我们度过最清醒的时刻，努力"使自己感觉舒适"，而不是以实际的方式改善我们的生活。

帕特里克是波尔多一家小公司的经理。一天，公司里出了点状况，他本应该控制这一局面："工厂里的工人宣布罢工，气氛紧张至极。我当时异常疲惫，备感压力，以致当时只想一死百了，但无动于衷更加重了这一状况。"

回避霸占了我们整个生活。与不舒适做斗争耗费了我们的全部精力，使我们身心俱疲。这种行为却要求我们全神贯注、足智多谋。当我们全身心投入到战斗中，与内心世界做斗争，不再感到不舒适时，我们再也没有力气去迎接外部世界的挑战，改善我们长期的生活质量了。让我们扪心自问：如果我们将回避痛苦的方法致力于追求对我们重要的东西，那么我们今天的生活是不是会有所改变呢？

情感回避使我们与世隔绝

在我内心深处有这样一段记忆，至今仍让我记忆犹新。那时我 16 岁，母亲身患癌症，在比利时接受治疗。为了看我的母亲，我坐着一辆小卡车从法国南部启程。当我从卡车上下来时，一个男人走近我，说："你来得太晚了，她已经去世了。"顿时，我感到脚下的地面在下沉，直到我沉入万丈深渊，久久不能从痛苦中回到现实。但是，不接受痛苦的情感不会使我对妹妹感同身受，她可能更需要理解，与我分担她的痛苦。

我们的情感在我们与他人的关系中起到至关重要的作用：帮助我们理解他人的感受、信仰和意图，更好地与他人交流，与其分享我们的内心世界，协调自己与社会的关系[4]。大量研究表明，试图克制自己的情感会产生人际关系方面的问题。斯坦福大学的艾米丽·巴特勒（Emily Butler）和她的同事们[5]进行了一系列研究：他们要求互相不认识的研究对象在一起讨论一部他们刚刚看过的电影。这部 16 分钟的视频讲述的是发生在广岛

---

[4] 凯尔特纳（Keltner）和海特（Haidt），2001 年。
[5] 巴特勒等人，2003 年。

和长崎的核爆事件产生的后果，播放这段视频不但使参与者产生强烈的情感（气愤、悲伤或恶心），而且引发一场辩论（关于战争、原子弹的弊害方面）。在整个研究过程中，研究人员测量了参与者的血压。

在其中一项研究中，研究人员成立了第一个小组，这个小组有42人，两人一对。在每对中，要求其中一人不显露自己的情感，而另一方并不知情。在被要求者的耳机中，他会听到，"在整个谈话过程中，尽量使您的搭档意识不到您的情感，无论您现在有怎样的感受"，而他的搭档不会收到任何指示（他的耳机里播放的是一首曲子）。然后，将这一小组与控制组做比较，控制组中的参与者同样两人一对搭配，但不会收到任何指示。接着，所有参与者需要对这部电影进行讨论。

这次实验清楚地显示，情感的消除会导致血压急剧升高，不论是被要求消除情感的人，还是他们的对话者。当他们试着掩藏自己的情感时，同时他们会被分散注意力，所以对他们的搭档表现得心不在焉。在实验最后，研究人员会以提问的方式对人际关系的质量进行评价，问题诸如："您有多欣赏您的搭档？""您认为您的搭档尊重您吗？"或者："您认为您可以与您的搭档和睦相处？"与那些没有抑制他们情感的控制组相比，那些克制他们情感的人更不被欣赏。因为大量科学研究和文学作品已经向我们展示了情感在创造亲密和友谊关系方面的重要性，所以这些结果并不出人意料。

这些实验的结果通过四年的纵向研究已得到了证实。人们观察发现，在刚入大学时（这是建立大量关系的时候）克制情感的程度会预示毕业时的社交关系质量。克制情感的程度是通过一项测试进行的，而社交关系质量是通过与他们同辈的人（研究人员联系了参与者的亲友）进行评价的。情感的消除预示着在四年之后实验结束时，更不成功的社交[6]。

皮埃尔很难感知并表达自己的情感。当他的伴侣感到沮丧或悲伤时，他总是谈论其他事情或对她说"一切都会好的"，而不是耐心倾听他的伴侣。谈论他的情感会使他感到不适。因此，一旦他们陷入僵局，皮埃尔总是选择逃离或自我消遣，因为他认为，如果他开始谈论他们的问题，他就无法应对自己的愤怒。而埃莉斯则感到不被理解，感觉自己无法与她的伴侣分享内心深处的情感。

因此，不计一切代价回避感知或谈论不舒适的情感，对我们的人际关系有害无益。

---

[6] 英格利希（English）、斯里瓦斯塔瓦（Srivastava）和格罗斯（Gross），2012 年。

情感回避影响我们体验舒适感的能力

正如我们看到的那样，为了感到舒适不计一切代价回避不舒适的感觉会产生相反的后果。情感回避不但没有效果，而且会弱化我们对舒适的感受和情感（如：快乐、爱、美）的敏感度。弗里堡大学[7]在2013年对具有情感不稳定和冲动行为（如：精神病病情学[8]中的"边缘性人格障碍[9]"或"情绪不稳定型人格障碍"）的患者进行了一项研究。研究证明了回避不但对精神病理学，而且对消极和积极情感有影响[10]。情感回避预示着更多痛苦情感的到来，更多舒适情感的消逝。总之，正如内华达大学的心理学教授斯蒂文·海耶斯[11]总结的那样：不计一切代价试图感觉不到不舒适，也是感觉不到舒适的最好方法！

---

[7] 雅各布（Jacob）、奥厄（Ower）和布赫霍尔茨（Buchholz），2013年。
[8] 病情学是对障碍和疾病的描述和分类。
[9] 边缘性人格障碍表现为人际关系、情绪、自我形象的不稳定和冲动行为，并产生于多种环境中。
[10] 雅各布、奥厄和布赫霍尔茨，2013.（Jacob, Ower & Buchholz, 2013.）
[11] 斯蒂文·海耶斯（Stevens Hayes），行为心理学研究者，以研究接受而为人所知。他是"接受与实现疗法"（ACT）的创始人之一，发表过500多篇科学文章。

情绪"病理化"

不计一切代价执着于回避不适、寻求舒适，还表明我们的情绪需要接受治疗。事实表明，体验太强烈的情感或对环境不适的情感的确会影响我们的心理平衡，甚至是身体健康。但是，唤醒我们的情感是很重要的，即使是焦虑或悲伤——那些触动我们内心痛处的情感，都是有益的。进化心理学从生物进化论出发，旨在解释人类的心理机制，认为我们的情感可以使我们适应所面对的环境限制[12]。进化心理学证实，这些情感使我们了解自己所处的环境（例如：焦虑使我们了解潜在的危险），使我们为面对困难做好准备（心跳加速、血压改变、身体某些部分血液涌动使我们准备好逃离或面对侵犯），促进我们与他人的交流。因此，感觉到"消极"情感是自然而有益的。

然而，不论何人在生活中遇到困难，大多数情况下都会逐渐被诊断患有"病理化"的疾病。羞怯和悲伤是疾病中两个最显著的例子。

芝加哥西北大学的文学教授克里斯托弗·莱恩在他的作品《羞怯——正常行为如何成为一种疾病[13]》中展示了普通情感如何被贴上病理的标签，导致上百万人接受治疗[14]。羞怯——这种我们

---

[12] 科斯米德斯（Cosmides）和托比 (Tooby)，2000 年。
[13] 《羞怯——正常行为如何成为一种疾病》（*Shyness : How Normal Behavior Became a Sickness*），耶鲁大学出版社，2009 年。
[14] 莱恩，2009 年。

大多数人都经历过的再普通不过的感受，此后被列入"社会恐惧症"的行列。如今，在美国，羞怯成为自抑郁症和酒精依赖症之后的第三个诊断性精神障碍。

2013 年，仅在 DSM[15] 第五版出版之后，DSM 就成为精神疾病的分类标准，美国精神病学家艾伦·弗朗西斯[16] 对悲伤情感[17] 产生了同样的担心。如果一个心爱的人去世，接连的悲伤持续超过两周，那么这种悲伤会被认为是精神失调、严重抑郁的表现。这种说法渐渐使人类正常情感病理化，使精神病药处方大众化。他认为，新版的 DSM 将会对生活中的情感问题做出更普遍的医学治疗，然而过分诊断已经对人类的健康造成了严重问题[18]。弗朗西斯还提出"身体上的症状[19]"障碍，面对长期的痛苦或身体上的折磨，人部分人感到一种自然而然的焦虑，这种"身体上的症状"导致了精神病的诊断[20]。

通过这些事实，以及两位社会科学研究人员阿兰·霍罗威茨

---

[15] 《精神障碍诊断及统计手册》（DSM 为 Diagnostic and Statistical Manual of Mental Disorders 的英文首字母缩略语），由美国精神病学会（APA）出版。这是一本将精神障碍的诊断标准进行分类的参考书，作为全世界精神病学家和医师开精神病药处方的参考手册。

[16] 艾伦·弗朗西斯领导了 DSM 的第三版修订的团队工作。

[17] www.psychologytoday.com/blog/dsm5-in-distress/201212/dsm-5-is-guide-not-bible-ignore-its-ten-worst-changes

[18] 多利克（Dowrick）和弗朗西斯，2013 年。

[19] 以前，除非我们可以通过器官原因进行解释，否则对于诊断这些障碍的标准是通过如下持续的症状进行定义的：身体上的疼痛、头痛、眩晕、消化紊乱、疲惫、皮肤病等。在新版中，标准变为"身体上的症状对人的思维、感觉和行为的影响"，使精神病医生可以对大量的癌症、心血管疾病、结肠易激或纤维肌瘤综合征的患者进行精神病治疗。

[20] 弗朗西斯，2013 年。

和杰罗姆·韦克菲尔德[21]进行研究后得出的结论，都明确显示了转化"正常的"悲伤的危害，这种危害也可以在临床抑郁症的状态下，通过外部不利因素进行说明。[22]

为了减轻心理疾病患者的痛苦，在医学方面进行了许多积极革新，当然我们只能对这些革新感到高兴。因为，在这里抗议整个医学或精神疗法对病人的帮助并不会产生什么效果——面对他们中某些人经历的痛苦和医疗带给他们的缓解，这会成为一种极端不负责任的态度。

当露西在参加团队会议之前服用镇静剂时，她处于回避情感的状态。如果她在短期内感觉良好，她感受到的缓解会驱使她下次再服用镇静剂。而中期时，当焦虑再次袭来，固化的回避策略只会使她需要药物的想法更加强烈。药物依赖的怪圈就这样形成了。

像露西一样，为什么在欧洲有十分之一的人需要用药物对抗生活？抗抑郁药的销量在我们国家只增不减。由华威大学和 IZA 研究院在 2011 年对 27 个国家的 27000 个人进行的一项研究显示，10% 的欧洲中年人在近一年里服用了这种类型的药物。法国特别显示出人均镇静剂和安眠药的销量提升，这些药物依赖性严重，所以戒药也很困难。法国卫生产品安全局 2012 年报告显示，20% 的法国人按时服用镇静剂和安眠药，10% 的法国人定期服用这些药物。在近12 年间服用精神药物的人数（约 25%）是法国邻国平均数的两倍。

---

[21] 阿兰·霍罗威茨（Allan Horowitz）是罗格斯大学的社会学教授，杰罗姆·韦克菲尔德（Jerome Wakefield）是纽约大学的精神病学教授。
[22] 霍罗威茨和韦克菲尔德，2007 年。

恶性循环

回避我们的情感会削弱我们的能力、减少我们的选择、降低我们的生活质量，而不是使我们更好地生活，我们由此成为我们控制策略的俘虏。例如：科学研究证明，最差的失眠是因我们强迫睡眠导致的[23]。不断努力控制自己的情感和感受会使我们对反复出现的经历越来越敏感，从而导致自己的情感和感受越来越强烈。不幸的是，这些策略通常在短期内会产生积极的效果，而我们却这样说服自己：假使我们没有采用回避方法（例如：通过酒精、药物、食物进行回避），那么就会出现更坏的情况，我们会对自己的内心之惧担惊受怕，这种消极心理的运作方式会不断增强。无论我们错误还是正确地认为，重复同一个行为会阻止不舒适的感受，我们都可能会一直不停地重复这种行为。保罗·瓦兹拉威克举过一个绝妙的例子：一匹马的一只蹄子受到藏在马厩地板里的金属板电击。如果在每次电击前，我们发出一声预警，抗疼痛机制会很快在预警和不适感之间建立一个因果关系。此后，当它听到这个声音时，它就会为躲避电击而抬起蹄子。电击就会很快失去用处——只要声音就可以使他快速抬

---

[23] 安斯菲尔德（Ansfield）等人，1996年。

起蹄子了。这匹马忽略的和它的回避行为阻止它永远无法了解危险早已不再了。长此以往，回避给我们带来了不合常理的后果：逃避我们厌恶的情感会使我们产生其他的消极情感，同样会使我们感觉不舒适，增强我们更想逃避的欲望。

日本作家村上春树说，"痛楚难以避免，而磨难可以选择[24]"。痛楚是生活中必须经历的一部分，对生存而言甚至必不可少。痛楚使我们觉察手放于火中的危险，教我们怎样照顾自己。而磨难是由痛楚组成的，这种痛楚是经过判断和拒绝之后形成的痛楚。磨难通常通过"这不公平""我这样做会怎样？"或"我永远也不可能坚持下来"这样的想法和深思熟虑表现出来。磨难对我们的生存并不必要，相反它会阻止我们更好地生活。磨难将不舒适扩大到无法忍受的极限。头痛或牙痛是很痛苦，但我们对疼痛的全力抵抗会使我们更加无法忍受疼痛。

生活有时令人不快，但我们不能为了回避内心的不舒适而回避生活。不由自主、强迫自己回避会使我们囿于一隅，因为回避阻碍了我们对自由的选择。无论是困难、不舒适的情感和痛楚，还是快乐、满足和分享的时光都是我们生活的一部分。让我们学习怎样不把痛楚转化成磨难吧。正如塞缪尔·贝克特幽默地说："您在大地上，没有什么灵丹妙药！[25]"

---

[24] 《当我谈跑步时我谈些什么》，施小炜译，南海出版社，2009年。
[25] 《剧终》，巴黎，子夜出版社，1957年。

3

积极思考的荒谬

如果我幸福的话，我会多么幸福啊！

伍迪·艾伦

积极思考

"思维是具有磁性的，而且有一个频率。当我们思考时，这些思维活动会传递到宇宙中，通过磁性，吸引与其同一频率的所有事物。"这就是关于积极思考最畅销的书之一——《秘密》[1]所说的著名的吸引力法则。在这部著作中，一位澳大利亚的百万富翁大卫·席尔默证实，积极思考的确使他富裕起来："为什么不可以想一下邮局会将支票寄过来？所以，我在大脑中想像一堆邮局寄来的支票。不到一个月，事情便有所改观。令人惊讶的是，如今，我真的收到了邮局寄来的支票[2]。"

积极思考的某些思想先锋认为，生活是对我们的思维最简单的反映——只要控制我们的思维，我们就可以拥有一切所想。关

---

[1] 朗达·拜恩，前引书。
[2] 同上。

于这一主题有许多著作，它们的名称往往令人遐想——《怎样得到我们所想——控制并影响一切的秘密[3]》《吸引力法则：得到我们所想的秘钥[4]》。这些书销量空前，积极思考看起来激起了不少公众的兴趣，但它真的会发挥作用吗？这些作者和教授这项技能的培训师认为，我们遇到的困难和不幸都是我们的消极思想在作祟。所以，为了我们的生活走向成功和幸福，逻辑上，我们应该控制并消除消极思想，而只留下积极思想。

但是，积极思考真的像变魔术一样那么神奇吗？积极思考确实比消极思考更舒适，但我们真的能控制我们的思维？不计一切代价试图回避消极思想，在此基础上进行积极思考，我们最终又会得到怎样的结果？我依据最近的研究和日常生活中的例子，将尽可能客观地为您解答这些问题。

控制的荒唐

自古以来，为了最大限度地逃避未知和危险，人类试图征服大自然。直至今日，人类得以生存下来并能适应环境，多亏了这种掌控一切的意志。我们可以观察到这种试图控制的行为，

---

[3] 大卫·李柏曼，巴黎，勒杜克出版社（Leduc.s），2009 年。

[4] 埃斯特和杰瑞·希克斯，巴黎，居伊·特丹尼尔出版商（Guy Tredaniel），2008 年。

在喧闹的世界里清醒地活

054 _

即使是日常生活中最微小的行为也清晰可见。文章中的一处拼写错误？修正带或自动校正器上场吧。地板上有一粒灰尘，快点用吸尘器除掉！就像我们处理外部环境一样，我们也喜欢控制我们的内心。积极思考的拥护者认为，我们可以对我们的思维产生巨大影响。摆脱不舒适、"消极"的思想，以"积极"思想取而代之，可能并不是那么容易做到的……

让我们一起来做这样一个小实验：在大脑中想像一只粉红豹的形象。回想一下，在过去的 24 小时内您想过多少次这只迷人的小动物？然后，再用一个秒表计时，试着用尽全力不想这只粉红豹，不想这部电视剧的片头曲，不想粉红色，也不想任何猫科动物。诚实地回答：在这 4 分钟里，您想到几次粉红豹？现在，再将秒表调至 0，在接下来的 4 分钟里您可以想任何东西。这一次，您又想了几次粉红豹？

如果您像大多数人一样，那么在实验期间，这个特定的想法出现的数量会不断增加。即使您可以在 4 分钟内不想粉红豹（这已经是极不可能的事了），这个想法可能在之后以更美丽的画面呈现在你的脑海里。现在，读着上面的文字，不用我提醒，您可能就在脑海中奏响著名的片头曲了……

美国心理学教授丹尼尔·韦格纳[5]在其经典的心理学著作

---

[5] 韦格纳等人，1987 年。

《白熊和其他讨人厌的想法[6]》中，检测了我们对内心想法的控制行为。他受托尔斯泰的故事的启发：一个人接受一项挑战——不去想白熊。韦格纳在他的哈佛大学心理实验室中进行研究：当我们试图控制自己的想法时会怎样？在这项著名的实验中，参与者需要口头描述他们在 5 分钟内想到了什么。他们中的一部分人要试着继续描述他们内心所想，而试着不去想白熊。每次只要想到白熊，就要按一下按钮。他们的采访被记录下来，同时工作人员计算白熊"出现"的次数。然后，在另一个 5 分钟里，要求他们做相反的事：需要想白熊。在第二组里，指令是相反的：首先要求想白熊，然后再不想。这项研究显示，在实验的第一阶段，被要求不要想白熊的参与者想到白熊的次数更多。韦格纳由此得出结论：试图消除想法会加强随后产生的想法。他称之为"反弹效应"。

合适的强迫

产生强迫的好方法是过分关注内心所有的想法，然后从中赶走那个使我们心生惭愧或真正消极的想法。我们所有人内心都充斥着恼人的想法，时不时闯入我们的生活。您难道从来没

---

[6] 丹尼尔·韦格纳：《白熊和其他讨人厌的想法：消除、强迫和精神控制心理学》（*White Bears and Other Unwanted Thoughts : Suppression, Obsession, and the Psychology of Mental Control*），纽约，吉尔福德出版社，1994 年。

有想过掐死一个在重要时刻打断您的人吗？或者，在会议时，您没有偷偷想着，在那个没完没了自言自语的人身上发生点什么烦心事吗？除非会产生不好的结果，否则我们当中有谁从来没有产生关于自己或他人的奇怪的想法？通常来说，我们不会在这方面耽搁太久。然而，产生强迫意识的关键是说服自己有这样的想法太糟糕了，这种想法着实令人厌烦，它必须消失，否则会产生灾祸，毁了我们的日子，甚至一生！但是，消除内心的想法，甚至是那些最微不足道的想法并不是件容易事。在一次有趣的实验中，韦格纳和他的同事们要求参与实验的一个小组在他们的生活圈子里选择一个人。参与者得到这样的指令：睡觉前 5 分钟里，他们可以想除了这个人以外的任何人。而另一个小组没有得到任何消除想法的指令。然后，研究人员将两个小组进行对照。当他们醒后，他们要记录下梦见的人。不出所料，两组成员的梦境中出现了他们所想之人，但尝试不想那个人，那个人会更多地出现在梦中[7]。

现在让我们推断真正让我们痛苦的想法会产生的结果。想必您已经经历过难以入眠、愁眉不展的情况。您拼尽全力以积极思想改变消极思想，但最终解决了您的愁苦吗？强迫症患者（表现为由焦虑产生的干扰性想法重复出现）的特点之一是这些人不计一切代价试图回避他们讨人厌的想法[8]。

---

[7] 韦格纳、文茨拉夫（Wenzlaff）和科扎克（Kozak），2004 年。
[8] 纳吉米（Najmi）、黎曼（Riemann）和韦格纳，2009 年。

控制我们的想法很难，因为我们感觉不好而控制自己的想法就更难了。此外，我们并没有单纯到没有发现积极思考更舒适、更可取。但是，就像那些积极思考的拥护者建议的那样，如果想一想积极思想就会来到的话，那么我们也不需要这些书了！准确来说，是在我们感觉不好、消极思考时，也是因为这一点，这个策略才不显灵的。换一种方法说，积极思考的存在看起来就是它毫无效果的证据。

积极的自我暗示死灰复燃

现在，让我们一起聚焦积极的自我暗示法，深入个人发展和积极思考的畅销书的核心，例如：拿破仑·希尔的《思考致富[9]》或朗达·拜恩的《秘密[10]》。这项技能建立在一个想法上，根据这个想法，不断地重复一些话语，如："我能力过人、力大无比，世界上任何东西都无法阻止我""我是一个值得被爱的人"或者"我的热情感染了我的客户"，这些话语会影响我们的意识，从而改变我们的状态和生活。

加拿大科学家、心理学教授和研究者乔安妮·伍德（Joanne Wood）[11]检验了积极的自我肯定的效果。她在《心理科学》（最

---

[9] 邱宏译，中国发展出版社，2014年。
[10] 前引书。
[11] 伍德等人，2009年。

受好评的科学杂志之一）中发表了一项研究，在这项研究中，她将自我评价低的小组与自我评价高的另一组进行比较。她要求参与者写下在4分钟内脑海中闪现的所有想法或情感，然后她用不同的方法衡量他们的心情。为了评估积极的自我暗示的效果，她将每一组分成两部分。第一部分每15秒会听到一声钟响，此时要不断重复，"我是一个值得被爱的人"；而另一部分不需要做任何特别的事。实验显示，那些自我评价本来就低的人在重复这句话之后感到更加不适；相反，这种做法对那些自我评价已经很高的人起到了一点效果。因此，积极的自我暗示只对那些不需要自我暗示的人有效果！这项研究同时显示，单纯地积极思考甚至会对那些最需要积极思考的人产生副作用。

内疚的风险

积极思考的意识形态可能同样会产生事与愿违的结果，将某种情况的所有责任推到个人身上，损害个人的社会决定性及其环境。企业环境常会受到这种意识形态的影响，有些公司甚至派本已精疲力尽的员工接受积极思考的培训，而不是改善他们的条件或工作环境。更严重的情况是向有社交困难的人提议"心理改造"，而忽略了不断发展的社会对我们的生活产生的巨大影响。

预先假设我们可以自由选择当下的心理活动，这种做法会产生另外的潜在副作用——内疚。

杰拉尔丁跟我说："自从我的第二个孩子出生以后，家里的巨大压力让我喘不过气来，我感觉再也无法摆脱这种局面了。我悲观厌世，甚至开始讨厌这个孩子。我看了很多关于积极思考的书，每次都试着将理论付诸实践。但之后我感到更加焦虑，不安全感油然而生……这让我感到更加抑郁。总之，我并没有积极思考，这让我感到很不好。"

这个事例清晰地展示了情感的反差和幻灭，将积极思考作为解决所有忧愁的方法，由此产生我们不得不面对的幻灭。

遭受严重病痛折磨的人（如：癌症患者）也会产生这种内疚感。一些人认为，我们不但对自己生病负有责任，而且对没有痊愈也负有责任。积极思考正在成为病人必须遵守的新社会标准[12]。一些病人身处亲友与社会的重压之下，他们不得不控制自己的消极情感而不敢分享他们痛苦的生活体验，他们害怕被贴上"消极"的标签[13]。

对神奇的想法深信不疑，这种想法甚至会使人心心念念着不现实的痊愈，从而忽略或放弃正在进行的传统治疗，当发现毫无效果时，就会使人陷入深深的绝望中。然而，直至今日，科学研究也无法证明积极思考令人信服的效果[14]。

---

[12] 托德（Tod）、沃诺克（Warnock）和阿尔马克（Allmark），2011 年。
[13] 里滕伯格（Rittenberg），1995 年。
[14] 科因（Coyne）、斯特凡内克（Stefanek）和帕尔默（Palmer），2007 年，以及科因和坦能（Tennen），2010 年。

意识形态的枷锁

积极思考通过将思维置于生活中的核心位置，预先假设思维直接决定我们的行为，从而引诱我们把思维当做事实。就这样，我们不再疏远我们的精神状态，成为了精神的奴隶。心理学上称这种状态为"认知融合"。通过这种方法，我们以文字方式看待自己的思维，将其置于极其重要的位置，重要到思维限制了我们的行为，最终对我们的影响已经超过了事实本身。如果我们感觉某位同事或某个家庭成员不欣赏我们，我们对这个想法深信不疑、纠缠不放，不论这个人是否积极看待我们，我们被这种字面意义的想法所控，最终就会影响并改变我们对现实和我们行为的认知。依附于我们的思维限制了我们的可能性，阻碍了我们的选择。自我辩护是认知融合的结果之一。您心头首先萦绕"他不爱我"的想法，然后在与这个人的交流互动中更加坚定了您的想法，最后做出总结："看我这样想没错吧！"

受保罗·瓦兹拉威克启发，我想起了这样一个故事：一个人在巴黎——布鲁塞尔的火车上，每十分钟他就要打开窗户向外面扔一点神秘的白粉。一位旅客对这种做法感到惊讶，出于好奇最终询问他为什么这么做。"这是我发明的抗大象的白粉。"他回答道。"但您看外面没有大象啊！"另一个人反驳道。"那当然了！这说明我的白粉起作用了啊！"

我们发现，相信意识形态会蒙蔽我们的双眼，使我们面对情感和思维不再做必要的退让。因此，一些人会说，如果积极思考在我们身上不灵验，那么说明我们没有花足够的时间努力去积极思考。

积极思考与积极心理学

看起来提醒您积极思考与积极心理学的区别还是很重要的。前者是将我们思想的神奇效果作用于我们生活的趋势，而后者是一门以现实方式研究提升个人和集体幸福感的方法，更多地关注对策而不是难懂的科学学科。我们的思想对我们的生活会产生影响，我不想重提这个事实。例如：经过证实，深思熟虑是抑郁症的不稳定因素。但是，我没见过任何一个抑郁症患者能够神奇地摆脱他的深思熟虑或焦虑的思想。不是这些人喜欢深思熟虑，而是因为他们很难摆脱自己的习惯。只是想想是不够的。如果只是想想这么简单，那么抑郁症患者也该绝迹了吧！

一个小男孩的父母陷入绝望。他们的独生子把自己当作一颗玉米粒，因此对母鸡感到万分恐惧。他们住在农村，周边满是农场，小男孩不敢出家门，生活变得极为困难。他的父母叫来一位有名的精神病医生。这位医生假装自己可以很快解决这个问题，于是，他提出一个练习。他向小男孩展示一颗玉米粒，说道："看，你看到了吧，这个东西跟你不一样。跟我说'我不是一颗玉米粒'。"小男孩："我不是一颗玉米粒，我不是一颗玉米粒，我不是一颗玉米粒……！"谈话结束后，医生说问题解决了。几个小时后，父母再次向医生紧急呼救。"发生什么事了？"医生问。"我们的儿子听到了母鸡的声音，他藏到地下室里不出来了。"医生沮丧地对小男孩说："我们谈话之后，你应该明白了你不是一颗玉米粒啊！"小男孩回答："医生，我知道我不是一颗玉米粒，但谁会向我证明，母鸡它知道我不是一颗玉米粒？"

4

追求自尊的海市蜃楼

———

我永远不会接受成为接受我做成员的俱乐部的成员。

———

格劳乔·马克斯

———

"我一生一事无成，感觉自己蠢极了，我对自己没信心"；"我无法维持一段稳定的关系，我觉得是因为我没有任何自尊，而我的伙伴觉察到了这点"；"我的自尊心太弱了，以致我永远也不会在自己的领域里有所建树"；"我想让我的儿子比我在他这个年龄时更有自尊些，这是当时阻碍我个人发展的原因"；"我讨厌口语考试，我对自己太不自信了，以致失去全部方法而无法通过考试"。

自尊，通常被定义为对自我的积极或消极评价，这也是以上言论的问题所在。自尊相对稳定，经常在人格特点的行列中出现[1]。在西方文化中，特别是在美国，自尊被看作是职业与个人成功的保障，是吸引他人注意、充分发展关系必不可少的基础。关于个人发展的杂志和书籍中无数的文章做出承诺——寻求自尊的终点是幸福。大量书籍围绕这个话题展开，有时还加入积极思考的观点，以此为基础，夸耀实现自尊的神奇美德。一些创始人作为积极思考的引路人，如美国牧师诺曼·文森特·皮尔，以这两个观点为基础，做出这样的证实，"当人相信自己时，他就拥有了第一把通往成功的钥匙"。自尊真的拥有这些美德吗？过度追求自尊的结果又是什么？

---

[1] 安德鲁斯（Andrews），1991 年。

自尊，高估的益处？

美国心理治疗师纳撒尼尔·布兰登是自尊心理学的领导者，他在其经典著作《自尊的六大支柱[2]》中证实说："从焦虑、抑郁到学校或工作上的问题、害怕亲密，再到幸福、成功、酗酒或滥用毒品、夫妻暴力或对孩子的暴力……直到自杀和暴力犯罪，我看不到任何心理问题与自尊的缺陷问题无关，至少是部分有关[3]。"无论在临床心理学领域，还是教育方面，高自尊长期被认为与心理健康、学业成绩、幸福和更多的名望有关。相反，我们将低自尊归咎于大量的问题（酗酒、学业成绩差、攻击性……）。

然而，关于这一话题，近来的研究显示，这一情况第一眼看上去并没有那么明显。例如：科学研究从来没有显示"自尊会提升学业成绩"这一广为流传的信念。在职场中，看起来好像是成功提升了自尊，而不是自尊促进成功。在职场中成功的人通常对自己有一个良好的认识，但这不是他们成功的秘诀。同样，

---

[2] 吴齐，红旗出版社，1998 年。（译者根据法文版译出。——译者注）
[3] 布兰登，1984 年。

研究显示，自尊并不会预示人际关系的质量或期限。在自恋型人格[4]情况下，拥有自恋型人格的人散发出的自信第一眼看上去极具吸引力，但是这种自信伴随着无法建立真正关系的自我主义——与他人建立关系只是为了其自恋的存在，为了使其有价值感。

同样，自尊看起来也无法预示反社会行为。总之，关于教育，我们已经数不清为了"再提升青少年的自尊"用了多少方法，弗罗里达州大学[5]的鲍迈斯特教授总结说，自尊并没有保护青少年免受恶习的侵扰——抽烟、饮酒、吸食毒品或性行为过早[6]。

自尊和人与人之间的暴力

一个著名的假想（我们在之前引用的纳撒尼尔·布兰登的书中可以找到）认为，自尊心弱是人与人相互攻击的潜在因素，没有自尊的个体使用暴力来重获自尊，或报复那些他们感觉高于自己的人。为科学验证这个假想并最终找到可替代的解释，面对少之又少有利于这个假想的毫无科学依据的要素，鲍迈斯特教授和他的团队进行了研究。他们认为，感到自我形象受到

---

[4] 自恋型人格障碍通常表现为妄自尊大、缺乏同情、意识不到别人的需求。
[5] 鲍迈斯特（Baumeister）、坎贝尔（Campbell）、克鲁格（Krueger）和福斯（Vohs），2003 年。
[6] 除了高自尊对暴食症的保护作用。

威胁是产生暴力的原因。因此，对自己过分高估，也就是在临床心理学中称之为"自恋"的人，会表现出暴力倾向。根据他们的假想，这些高估自己的人，也就是更容易感觉自己受到威胁的人，生性更具有攻击性。

为了验证这个假想，研究团队召集了将近 300 个参与者组成一个小组。研究人员在衡量他们的自恋和自尊的程度时，让参与者相信要研究人员对他们进行对评价（积极或消极）的反应的研究。每个人要写一篇关于流产的小文章，研究人员让他们相信其他的实验对象会阅读这篇文章来进行评价（但并没有这样做）。以随机的方式，一半的实验对象会收到消极评价（"这是我一生中读过最差的文章了！"），而另一半收到积极评价（"无意见，太漂亮的文章了"）。实验的第二部分是一场在参与者与假装评价的人之间展开的竞赛。挑战是比另一个人先按按钮的人避免惩罚——败者不得不承受让人不舒服的噪音，强度从 60 分贝（1 级）至 105 分贝（10 级）不等，而持续时间由胜者决定。实验结果显示，越自恋的人越会提高噪音强度和持续时间，但仅限于当他们的自我受到威胁时，也就是说他们得到消极的评价时。

因此，研究证实，的确是威胁（消极评价）和自恋的结合特别提高了攻击性。而研究并没有显示低自尊与攻击性有任何关联。那么怎样解释这一点？当自恋者感觉自己的情感受到严重威胁时，这会导致他们极具攻击性。与我们通常所想的恰恰相反，这种优越感并不会保护他们，却使他们变得不堪一击。这正是追求自尊（自恋者的内心运行机制）的反作用。

看起来自尊并没有被牵扯进来，而不论自尊高低，我们都把巨大的责任归咎于自尊。这并不等于说自尊就是题外话。我们每个人无论有低自尊还是高自尊，都渴望体验积极的情感，感到自己是一个有价值的人，努力回避不舒适的情感。因此，为了成为一位栋梁之才，我们心中秉持着"应该做什么"或"成为什么样的人"的信仰，这铸就了我们的中长期目标，从而深深影响我们的日常行为。追求自尊是个体内心的动力——我们试着做让我们提升一点信心的事情，回避使我们失去信心的事情。因此，追求自尊成为我们行动的动力，鼓励我们投入到比赛中，追求引导我们生活的事物。这就是这章讨论的追求自尊。

追求自尊的代价

虽然追求自尊在短期内对情感有益，但是追求自尊对决定我们舒适感的社会关系、学习或自主并没有长期的影响。密歇根大学的研究人员詹妮弗·克罗克（Jennifer Crocker）和凯瑟琳·奈特（Catherine Knight）将追求自尊与糖做比较：它的效果令人舒适但容易上瘾，而且长期追求自尊会得到较少的收益却付出更多的代价。

追求自尊是产生压力与焦虑的原因之一。

斯特凡娜练习跑步有很长一段时间了。但最近在家里被看作永远的懒汉的弟弟为了健康也开始跑步了，而且看起来渐渐喜欢上了这项运动。斯特凡娜感觉自己是家里公认的唯一具有运动细胞的人，为了向弟弟和家人证明自己有勇气、有天赋，可能比弟弟更厉害，她改变了自己的行为。久而久之，她强迫自己练习，跑步已不再是因为她喜欢或想要锻炼的动力，而是为了满足继续活在别人眼里的需求。

当我们像斯特凡娜一样，只是因与自尊赛跑而产生动力时，我们付出努力只是因为必须这样做（为了工作、学业、运动或音乐上的成功），而不是因为想要这样做。因此，行为受外部因素（惩罚或奖励）而控制，而不是内在动力的影响。然而，事实证明，当行为由个人在行动中获得的兴趣和乐趣而支配，不害怕外部惩罚也不期待外部奖赏时，是内在动力和由此引起的自主感促进了我们长期的个人发展。与自尊赛跑可能会导致内在压力的增加，产生消极后果，如：我们了解的精神健康问题，特别是抑郁症。我们的自尊越由外部条件（他人看法、对比）决定，我们越会受到其副作用的影响。

追求完美

追求自尊通常伴随着完美主义行为：为了实现自身价值，我们总是想达到我们无论如何也无法实现的标准。这使我们永不满足，从而导致了对自己和他人要求苛刻。研究显示，由于持续不断的压力，完美主义者将面对大量的情感、身体和人际关系的问题。

克洛伊是一位出色的学生。由于对自己给别人的形象过于担忧，她不得不以好成绩展示她的聪明才智，实现自我价值。稍有一点失败就会触及她自尊的防线，这就是为什么她努力学习的原因，当她对成绩不满意时，就会重新考试。如果她得到16分（满分20），那么她会期待达到18分，她觉得自己一无是处，强迫自己重新复习这门学科[7]。克洛伊面对的风险是，她无法投入到她不确定是否能成功的计划中。的确，与其因失败而"出丑"、自尊丧尽，她更希望放弃一切。

这种与自尊赛跑的另一个后果是，如果我们感觉目标很难实现，为了不因失败而受伤，我们会反常地放弃所有目标。

---

[7] 克罗克、卡尔平斯基（Karpinski）、奎因（Quinn）和沙斯（Chase），2003年。

朱利安总感觉在他父母眼里，他做的一切总是不够好。在他的学业、工作和感情生活期间，他的父母总是不断将他与哥哥格扎维埃做比较，他的哥哥总是将一切都做得尽善尽美。面对如此苛刻的环境，他因害怕无法实现自己的梦想而放弃了他的大部分梦想。他默默地准备考试，因害怕失去而离开他爱的人，与哥哥数次争吵，而最近一次很激烈的争吵之后，他不再见他的哥哥了。

但问题是，我们无法总是控制一切，也无法放弃一切！总之，我们对使我们成为"好人"的事物深信不疑，这既是我们的动力源泉，也是心理脆弱的原因。完美主义通常也会使人感到自己的无能——我应该完美无瑕，但我并不足够完美，人们还对我有所期待，我要继续证明给他们看。这不可避免地导致对自己大失所望，提升抑郁的风险。

让我们举一个弗朗索瓦丝的例子。弗朗索瓦丝学习经济学，因为她的父亲强迫她学习这个"看起来能干一番大事业"的专业。然而，在她的内心深处，她只想做一个安稳的女人。即使现在她在一家世界大型银行担任高级主管，但是只要她的同事对她稍微有一点消极评价，她就会持续数周感觉不适。她工作过量，备感压力。她并没有感觉她的生活取得成功。

改变对于完美主义者来说是极其困难的，因为把问题摊开就是承认他们不完美。对于他们来说，追求自尊可能会导致对自己的刁难，对他人的偏执。追求自尊会掩盖问题，滋生自恋和下一章会探讨的自我中心主义。

人际关系中的追求自尊

追求自尊也会影响我们社交的质量。当我们将自身价值置于首位时，我们必然会更加关注自己而忽略他人的情感和需求。因此，他们可能只是利用与他人建立关系来凸显自己的重要性，而不是为了与他人进行交流和分享。纽约州立大学的美国心理学家洛拉·帕克（Lora Park）和詹妮弗·克罗克对此进行了一项实验。她们将160个互不相识的实验对象分成两人一组，并事先做好一份关于他们的自尊和学习成绩的关系的评估表。每对的第一位参与者进行一项所谓的评估他们智力的测验，而另一个人要在这段时间内（10分钟）写一个他目前生活中遇到的问题。当实验者回到第一位参与者处，给他们看批改后的考卷时，成绩总是一样的：15道题中只答对8道，而平均成绩是答对11道。也就是说，我们让他们相信自己的智力水平低于平均值。当重新组队时，那些写下他们困难的参与者要向另一方讲述他们的困难，然后实验者评估他们认为他的同伴对其表示同情、关注和支持的程度，以及欣赏他的同伴、想要与他在未来交往的程度。具有高自尊的实验对象，即极度依赖学习成绩的人，与相对低自尊的参与者相比，被认为缺乏同情心、不专注聆听，更不被他们的同伴所欣赏。

因此，这项研究再次强调，自尊受威胁的人很难逃出追求自尊的魔掌，所以在人际关系中显得漫不经心。自尊度越高，影响越明显。对他人的关注是建立真正友谊的重要因素，追求自尊可能会削弱已存在的关系，阻碍新关系的萌芽与发展。正如在精神病学家罗纳德·莱英的著作《症结[8]》中的这段节选所表达的那样：

> 我不评价自己。
>
> 我不能评价评价我的人。
>
> 我只能评价不评价我的人。
>
> 我评价杰克，因为他不评价我。
>
> 我鄙视汤姆，因为汤姆不鄙视我。
>
> 只有卑鄙的人才能评价像我一样卑鄙的人。
>
> 我不能爱我鄙视的人。
>
> 我爱杰克，但我觉得他不爱我。
>
> 他用什么证明他爱我呢？

_____

[8] 巴黎，斯托克出版社（Stock），1971年。

追求自尊与操纵

我们的社会对外表、权力或社会地位等外在价值过于关注，而我们就在这样的社会中不断发展自己。在这些方面，追求自尊使我们更加脆弱，更容易被操纵。在充斥于我们电子邮箱的大部分垃圾邮件中，正品名牌低价出售和壮阳产品广告作为金融诈骗的伎俩占据优越的位置。许多男性在追求自尊过程中考虑的重要因素的确是他们性器官的尺寸，通常来说是他们的性能力，以致他们为更有竞争力而毫不犹豫地花费大量钱财。一些人甚至冒着生命危险，例如：一位男性为增大性器官，注射了所谓的橄榄油而持续感染后，不得不被切除阴茎[9]。大部分追求自尊的人每次感觉自己没有达到令自己满意的标准时，即使不达到这么严重的状况，也会产生严重的焦虑和压力。

这个问题涉及的另一个方面是财富和社会地位的外在特征。前德国国防部长卡尔·特奥多尔·楚·古藤贝格因博士论文抄袭

---

[9] www.rue89.com/rue69/2012/11/28/gland-amovible-herbes-pompe- en-veut-aussi-aux-sexes-des-hommes-237296

的丑闻而辞职；同样，欧洲自由党议员西尔瓦纳·考赫·梅林也被剥夺博士学位而辞去了欧洲议会副议长的职务。我们越与拥有物质成功的他人或典范做比较，我们越脆弱不堪，越可能误入歧途。"珠光宝气"的文化是否是实现自我价值的另一种尝试？这种追求通过我们经常出入的地方、来往的人、我们的穿衣风格，甚至我们说话的口音，这些不同形式展现出来。为了使自己独一无二，我们默默行事、谨小慎微，但是过程是一样的——我们试着符合使我们看起来"高人一等"或仅仅"有别于"他人的队伍或形象。

随着现代通讯工具特别是社交网络的不断发展，社会比较愈演愈烈。为了验证这个假想，德国洪堡大学和达姆施塔特大学的研究人员汉娜·克拉斯诺娃和彼得·布克斯曼对脸书网用户的情感经历进行了分析。他们观察发现，超过三分之一的用户大多数经历过消极情感，主要是由于与虚拟好友的比较和对他们的嫉妒而产生的沮丧。看到这些得到社会肯定的个人主页和一切他人的积极状态，出于贪婪之心的社会比较机制由此而生。这种社交网络使我们和广告商以一种前所未有的方式获取无数个人信息。即使从未见过此人，我们也知道他和谁住在哪，生活得怎么样。社交网络的被动用户，也就是那些不与他人交流但通过浏览别人的个人主页来获取信息的人，他们看起来更具有消极情感：他们心存嫉妒，这使他们对自己的生活并不满意。

追求自尊也会使我们更易被操纵。对于一个有能力觉察到我们的需求、发现自尊是我们的动力的人来说，引导我们为自己的利益行事只不过小菜一碟。他只要说服我们，按照他建议的去做，我们就会变得更重要、更富有、更有趣。

大概 15 年前，正值我职业生涯的开端，我不得不承认我当时像很多追求自尊的人一样，急需扩大朋友圈，获得事业上的成功。一个所谓的"朋友"很快觉察出来，并利用了这一点，他用我期待的一切来引诱我，而且毫不费力地就使我掉进了陷阱。这使我付出了大量的钱财，同时伴随着巨大压力。但这可能是我一生中最记忆深刻的教训之一了——没有意识到自己行为的动机，却被更了解自己的人所操纵。当我谈论这件事时，我喜欢开玩笑地说，这次教训跟学工商管理的花费差不多，但我乐于相信我从他那可能学到了更多！

追求自尊——脆弱的原因

不论追求自尊的动力是什么，追求自尊都会使我们更加脆弱不堪。如果我们想要自己拥有善良的或有才干的形象，那么结果可能并不会顺着我们的意愿发展，但面对批评，我们都会变得不堪一击。我们同样会无法客观评价我们的能力和弱点。在我为人道主义组织提供不同的培训任务期间，我遇见了为某些特殊原因而参与其中的人，而这些原因往往与追求自尊有关：人道主义事业赋予的形象或地位，需要证明自己比其他人更慷慨，更有教养或更开放。然而，此举会产生诸多弊害：因为我们无法为自己设限而筋疲力尽（追求自尊永不满足），无法容忍批评和疑问（被认为是直接的人身攻击），试图"任务化"所做之事（我应该救对方，这是我的自身价值决定的，即使他不知情）。马蒂厄·里卡尔[10]最近向我倾诉，在面向非政府组织的世界行动者的培训中加入认识自我的课程（特别通过退省或冥想训练）

---

[10] 马蒂厄·里卡尔是一位佛教僧人，翻译家、作家和摄影师。在喜马拉雅山脚下三十多年亲炙许多藏传佛教大师之后，他匿名出版了与其父让·弗朗索瓦共同创作的《僧侣与哲学家》（罗贝尔·拉封出版社，1997年）。然后，他决定将销量的全部收益捐给 Karuna Shechen，这是一个他为中国西藏、尼泊尔和印度的贫困人口建立的国际互助组织。因此，他是非政府组织的世界行动者和真正行家。

将会多么有趣。

弗雷德里克陷入困境之中：她曾经总是在别人需要的时候出现，拯救他们、倾听他们、帮助他们，而现在她自己感觉糟糕透顶、孤苦伶仃。一个她认为她曾经帮助过很多的朋友甚至不跟她联系了。这就是我们通常所说的"拯救者综合征"，她不遗余力地帮助别人只是为了使自我感觉更加良好。她帮助他人，但没有意识到她帮助过度或有时他们并不需要她的帮助，这非但没有加强反而最终削弱了她的社交关系。

当追求自尊成为我们的终极目标，我们会纠缠于目标是否实现而损害所处环境真正需要的东西。因此，即使基于美好的价值，追求自尊也可能反过来对抗我们自己。

5

自我中心主义的死胡同

———

我们不把世界当作世界，而是把自我当作世界。

———

阿内丝·尼恩

———

希腊神话里的著名人物那喀索斯是一位人人羡慕的俊美的狩猎者。但这种魅力伴随着他的冷峻，无论谁都无法接近他。他对深爱他的神女厄科更是冷淡至极。一天，那喀索斯在打猎时，在河边俯下身子，看到了水中的倒影。他顿时爱上了倒影中的自己，但他既不能抓住也不能亲吻他的影子，于是在沉迷于自己的影子中绝望而死。他在岸边生根发芽，长成了今天我们以他的名字命名的水仙花。

这个著名的神话故事充分展现了自我中心主义的缺陷之一——自恋。在临床学中，自恋型人格表现为给自己的重要性赋予极大意义、高估自己的能力、期待在不做什么特别的事的情况下被他人认可、感觉高人一等、缺乏同情心的以自我为中心的个体。在这一章里，通过探讨自恋，我不会谈论自我中心主义这个重大的人格障碍，但我会讨论我们所有人可能都有的不同程度的自我中心主义的倾向。

自我中心主义的人并不一定自命不凡。广义上来说，自我中心主义涉及的是僵化、缩小的情感，这种情感认为世界唯我独尊。令人惊讶的是，我们可以感觉自我形象很差，认为自己是世界的主角，这不是因为我们的优点，而是因为我们纠缠于自己的缺点或困难。然而，因为我们是舞台的主角，所以即使为了扮演"坏"角色，但这也涉及自我中心主义的某种形式。

让我们举一个达芙妮的例子。达芙妮对自己极不自信。在聚会中，她总感觉自己被深深地冒犯——一句话语、一个甚至微不足道的动作都是对她的不尊重、不礼貌或恬不知耻的标志。这种状态达到极限时，会转变为妄想症，因为在争执的情况下，她会认为整个行为都是为了伤害她。

这不是一种自命不凡的行为吗？自我中心主义使我们从个人的层面上看待一切——当我们采取这种态度时，整个世界会围着我们转。

这使我想起了这样一个故事：一位司机听到广播里说路上出现了一个幽灵司机，这个司机说："这个人说错了，不是一个司机，而是所有司机都开错方向了。"

首先，我们将详细探究几个有趣的关于自恋的问题。然后，我们将探讨自我中心主义对我们生活的消极影响，特别是对"我们是谁"的概念的影响，以及对我们认同感的影响。

以自我为中心的一代？

　　那么如今谁是那喀索斯呢？斯坦福大学进行的一项调查显示，87%的工商管理硕士专业的学生评价他们的学业成绩在平均值以上。另一项对驾驶人的研究显示，88%的司机认为他们是更安全的司机，93%的司机认为自己比一般司机更有天赋[1]。实际上，我们中的大多数人认为自己比他人更聪明、更讨人喜欢、更有能力。佛罗里达州大学教授罗伊·鲍迈斯特认为，以自我为中心的社会型在一定程度上做出了解释，以自我为中心的社会型将个体看作中心价值，导致自恋和许多副作用的产生[2]。这种自我中心主义特别是由我们的极端竞争教育体系导致的，这个体系使我们从孩提时就与他人竞争。对失业的恐惧、生产力的竞争、对业绩的压力在生活、社交和相互信任中持续膨胀。

　　心理学研究人员琼·特文格（Jean Twenge）和基思·坎贝尔在他们的《自恋大流行[3]》（The Narcissism Epidemic）一书中强调，为了提高孩子的自尊，我们创造了自恋临床学上所说的夸大个

---

[1] 斯文森（Svenson），1981年。
[2] 鲍迈斯特等人，2003年。
[3] 自由出版社，2009年。

人价值的膨胀人格，以及缺乏处理好人际关系能力的脆弱人格。不幸的是，越来越多毫无科学依据的论据证实了这一点。面向大众的电视节目越来越关注节目的好评度（真人秀和其他节目）；流行歌曲充斥着更加自恋、反社会的歌词；书籍中出现了更加个人主义的语言。研究人员特意对个人主义的词语和句子的使用情况进行了研究（词语如："自我""个人""无与伦比"，句子如："我是最棒的""我可以自己做这件事""我是独一无二的"），发现个人主义的语言在 1960 年至 2008 年期间增长明显[4]。对数千名同一代的青少年的多种研究显示，新一代更以自我为中心，有更明显的自恋情节。他们一般来说更具有个人主义，更缺乏同情心和团结互助的行为。在对 1100 万美国人的抽样调查中，我们发现他们对他人的兴趣更低，公民参与更少，但好消息是，他们对种族血统、性别种类和性取向更加宽容。同时，他们的研究证实了物质价值（金钱、荣誉、形象）的增长及其影响，例如：整容手术的增长。这些研究结果大部分来自美国青年，但最近在欧洲对荷兰或芬兰青年的研究看起来也证实了现代青年是更加以自我为中心的一代的趋势，这一代是"我"的一代而不是"我们"的一代。

---

[4] 特文格、坎贝尔和让蒂勒（Gentile），2012 年。

自我中心主义与媒体

社交网络为我们的自我中心倾向开启了另一扇窗。在窗户上，每个人精心维护自己的数字形象，试图展示自己怎样过好这美好的一天。然而，我们的虚拟好友并不一定知道我们的生活其实不尽如人意。社交网络的大部分用户只将他们生活闪耀的一面展示出来：音乐会、在最负盛名的地方度假……我们对真人秀的迷恋也是这种自恋倾向，在真人秀里我们可以在一集中"成为某个人"。多种研究发现社交网络和自恋之间的联系。一般来说，自恋者在网上有更多好友，但这并不说明他们加强了自己的社交关系——他们想要更多的虚拟好友，而不是现实中的朋友。因此，脸书上的朋友数量显示功能成为自恋者展示他们受欢迎程度的工具，而并不需要对真正关系的情感投入[5]。自恋个体也有更多"自我推销"的倾向，他们在网上定期更改状态或发他们的照片来进行"自我推销"。他们也会做出更多的反社会行为，比如：对令人讨厌的行为进行报复[6]。

---

[5] 伯格曼（Bergman）、费尔灵顿（Fearrington）和达文波特（Davenport），2011年。
[6] 卡彭特（Carpenter），2012年。

自我与他者

在个人主义的社会型中，集体中的个人相对独立[7]（家庭、团体、国家等）。因此，自我中心主义引诱它的"受害者"，根据隔离自己、与自己不同、使自己缺乏同情的事物来感知他们的环境和他者。这种态度既对他们的人际关系，也对他们尊重大自然的程度产生了影响。例如：一支研究团队进行了一项研究，他们对个体提出环境方面的问题，然后对个体面对森林资源开采问题的行为进行研究，从而评价自恋的影响。每位参与者代表公司的利益，公司的目标是尽可能多地收集木材。研究人员告知实验对象，其他团队也在同一时间开采森林，告诉他们森林的面积，以及每年森林的可再生率只有10%。结果是越自恋的参与者开采森林资源的速度越快。被自我中心主义蒙蔽的自恋者只关注自己的业绩，毫不考虑其他团队的工作量及其对全球环境的影响（例如：森林的可再生时间）[8]。

自恋型人格的人更可能产生作弊的行为，因为他们需要被欣赏，需要展示自己高人一等，他们缺乏犯罪感，这是特别由于他们不关注自己的行为对他人的影响而造成的[9]。自我中心主义也抱有竞争的思想。不幸的是，这种争做第一的竞争在上学期间就

---

[7] 浜村（Hamamura），2012年；欧伊斯曼（Oyserman）、库恩（Coon）和克梅尔迈尔（Kemmelmeier），2002年。

[8] 坎贝尔、布什（Bush）、布鲁内尔（Brunell）和谢尔顿（Shelton），2005年。

[9] 布鲁内尔、斯塔茨（Staats）、巴登（Barden）和赫普（Hupp），2011年。

存在了，我们从孩子很小的时候就开始对他们排名、分档次。在这里我说的不是通过受积极模范启发而产生做得更好、使自我更完美的欲望的竞争，而是在损害他人利益的前提下，提升自身价值的竞争思想。这就是我们在博弈论中所称的"零和博弈"：一方的收益必然意味着另一方的损失，对利益的追求和竞争会使两方都得不偿失。对竞争的研究显示出竞争产生的大量的消极影响。竞争助长了我们对不属于自己团队的人的偏见[10]。

最近的一项研究同样显示自我中心主义对我们健康的影响：越自恋的人体内拥有更多的氢化可的松（就是我们通常所说的"压力荷尔蒙"），对心血管健康有更消极的影响[11]。在心理学方面，虽然自恋和抑郁症完全不同，但它们有一个共同点：对自身价值的过分担忧。我们越自恋，我们越容易将自身与我们想像的形象混淆，我们越需要保护这个形象，只要我们的形象受到质疑、攻击或遭到破坏，我们就会因此变得脆弱不堪。在美国定期发表的统计数据显示，自恋、焦虑和抑郁程度不断升高[12]，青少年看起来比上一代青少年患抑郁症的可能性增加了10倍，自杀率增长了3倍[13]。当然这些数据提醒我们应该采取相应的预防措施，但它们不应该阻止我们思考，阻止我们创造可替代的教育方法来更好地理解个人的舒适和集体的和谐。

---

[10] 萨森贝格（Sassenberg）、莫斯科维茨（Moskowitz）、雅各比（Jacoby）和汉森（Hansen），2007年。

[11] 莱茵哈德（Reinhard）、康拉特（Konrath）、洛佩斯（Lopez）和卡梅隆（Cameron），2012年。

[12] 史密斯和埃利奥特（Elliott），2001年和特文格，2000年。

[13] 史密斯和埃利奥特，2001年。

自我中心主义与自我概念

自我中心主义表现为以几乎占有的方式关注自身的倾向。我们刚刚看了几个自恋的自我中心主义的例子，在这些例子中，我们囚禁于被自己夸大的优点，但当我们对自己的缺点过度关注时，自我中心主义也同样存在。

除了我们刚刚探究的所有与自恋倾向有关的潜在消极影响，自我中心主义同样通过它引起对自身错误、狭隘的理解而影响我们的生活。我们对自身理解的方式在心理学上称为"自我概念"，这种方式既不无足轻重，也不中立，相反，它对我们的生活有深远的影响。在行为心理学中，关系框架理论[14]致力于研究自我认知的不同方式，以及由此对我们的行为产生的结果[15]。

让我们花一点时间用您想到的或自己用过的一个消极表达填一下下面的句子："我……很害羞、太善良了、笨手笨脚的……"按理说，是根据我们经历的事我们才做出对自己这样的定义——我们所处的环境加强了这些定义。这些标签有可预见性的功能，使我们认为固定不变的自我将继续存在。如果我们对某个人说

---

[14] 关系框架理论是一个通过语用学方式分析人类行为，特别是认知和语言的理论。它通过语言和思维研究我们怎样与世界建立关系，无论生活中什么样的事件怎样与其背景建立一个有特殊意义的关系。

[15] 维拉特（Villatte）和莫内斯特（Monestes），2010 年。

他笨手笨脚，砸碎所有东西，那么这个人可能会认为自己真的是一个笨拙的人。如果我们总对某个人说他（并且总对别人说他）不善交流，是一个内向的人，那么这个人也会倾向于感觉并定义自己是一个"内向而封闭"的人。这些语言上的描述、这些好好地贴在我们身上的标签毫无疑问影响了我们的行为，慢慢地直到影响我们的能力。当我们被某些特征辨认出来时，这促使我们强化这些特点，使自己变得僵化，结果导致当我们通过变形的玻璃看待事物时，我们变得越来越封闭。

一个自认为内向的人倾向于回避社交，就像一个自认为笨手笨脚的人会避免一切可能"施展他才华"的场合一样，遵循他们自己定义自己的描述。实际上，我们几乎不会表现出与自我概念定义的规则相反的行为，即使我们做出这种行为，我们也只会保留证实我们标签的剩余部分。因此，如果一个被认为内向的人在社交谈话中感觉舒适，那么他可能要特别保留并找回支撑他信念的要素，例如：他在开始时几乎沉默不语或他的谈话使其中一位客人不感兴趣。

这种自我概念化的观念与我们讲述的故事内容密切相关，同时也离不开他人对我们生活的评价。这就是我们所说的"叙事自我"：它包括我们以一种自我固定形象的方式归纳合并的记忆、思维、情感、感觉和冲动的整体。为了给予我们的思想和行为以意义，这就成为一个作为框架服务于我们的故事。当然，这个故事看起来好像很真实熟悉，因为我们已经听过并复述过很长时间了。

当我们同化于我们所经历之事的内容的口头描述时，我们谈论的是"作为内容的自我概念"。与某一经历的内容同化，并不总会产生问题，特别是当这个经历是中立或积极的。但即使在这种情况下，如果这个内容限制了我们的生活，那么这个经历会带来问题。

蒂埃里向我讲述了"做什么都会成功的好男孩"的标签是怎样使他陷入苦恼的。这个标签使他对自己要求极度苛刻。他因不能使周围亲近的人失望而备感压力，他感觉自己失去了倾诉情绪的权利，因为这种情绪（怀疑、悲伤、焦虑……）常被人认为他是个"懦弱"的人。他作为一位银行家感到深深的不幸（而他的父母以此为傲），但不想因换工作而使自己的父母伤心难过。

这种"作为内容的自我概念"的另一个问题是，它使我们脆弱不堪——我们越将自己归于某一头衔、某一社会地位、某一金融状况，我们越会受到威胁这些称谓的东西的摆布。如果我们限制对我们拥有的某个东西的认同、对我们扮演的角色的认同，那么我们虽然保护了这一称谓，但当它受到质疑时，我们会感觉很不舒适。

同时，我们倾向于只通过关注巩固自我概念的环境要素来证实并加强自我概念。

确认偏误

看到我们的观点怎样得到确认，逐渐增强，而不顾环境的客观信息是很有意思的[16]。这就是我们在心理学上所说的"确认偏误"，此后大量的实验对其进行了研究。

位于加利福尼亚州的斯坦福大学的研究团队进行了一项研究，这项研究对我们怎样根据我们的信念诠释环境信息进行了分析。实验在美国进行，围绕使人争锋相对的"死刑"这一主题而展开。研究人员雇佣了对此问题持两种鲜明观点的实验对象，根据支持或反对死刑的观点，将其分为两组。所有参与者收到两项虚假的研究报告，其中一项研究支持死刑的优点，另一项持反对意见，参与者需要解释这份报告是否改变了他们的看法。然后，他们收到这两项研究的细节，上面注有研究过程和方法。接着，研究人员让他们根据自己的观点评价研究进行得怎样以及信服度如何。结果显示，不但参与者在第一步之后几乎没有改变他们最初的观点，而且在实验结束时他们更坚定

---

[16] 洛德（Lord）、罗斯（Ross）和莱珀（Lepper），1979年。

了自己的信念。研究同样显示，参与者为更符合他们信念的研究比其他研究打分更高。对于同一项支持死刑的研究，一位支持这个观点的参与者可以说："这项研究构思巧妙，以有效方法收集的数据可以回答所有评论。"然而，反对死刑的人评价说："这些研究没有任何价值，缺乏大量数据。"参与者每次总会找到符合他们意识形态的理由，却忽略与其意识形态相反的要素。

我们的信念也会对我们的行为产生影响，从最普通的行为到最关键的行为。因此，一个学习杂耍的"笨手笨脚"的人仍会认为自己笨拙无能，并只会看他掉在地上的球。最终，真正的问题不是知道这个观点是否形成，而是意识到这个通常缩小、死板的形象的影响。无论怎样，我们的故事并不都是严谨一致的。注意请不要认为，如果我们倾向于保留我们对自身的描述（即使这个描述可能限制了我们，并且使我们痛苦），那么就是我们选择或想要受苦，甚至是纵容我们的极限，就像我有时听到的那样。许多因素决定了这些描述，特别是我们的故事、我们的教育或我们体验的文化。

玛丽昂是一位年轻的单亲母亲，她感觉自己在整个人生中不停地被抛弃，在最近一次关系破裂后，这种感觉更加强烈了。这个信念限制了她的感情生活——她变得越来越多疑，要求极大的关注，哪怕她的朋友有一点偿还的迹象，她就给予他们许多贷款。她寻求安心和投入的要求有时使关系变得复杂。只要她感到距离稍微有点疏远，她就会为了不被抛弃而终止这段关系。

这种根据我们的信念重新考虑和体验环境的方式也会影响我们对心理和身体健康的认识。在我们周围亲近的人中都可能会认识一个多愁多虑的人，他会将稍微的不舒适解释成重病的症状，结果导致自己压力倍增，放弃参加各种活动或重要场合。抑郁症患者同样倾向于关注加强他们不舒适感的事件和信息，摆脱他们精神中的整个乐观要素[17]。最后，妄想症患者体验的是确认偏误的另一种极端形式，在这种形式中，他们认为人们窥视着他们的生活，所有生活中的偶然和巧合都是对妄想、假想的证实。

艾丽丝有很狭隘的自我概念。她认为男孩只想跟自己玩乐。这个信念使她对那些只提议外出游玩的男孩并不感兴趣，因为她认为，这些男孩所做的一切只是跟她上床的借口。相反，她更信任那些善于操纵别人的男人，他们直接对她许下海誓山盟（婚姻、安定……），但他们的言行并不一致。就这样，随着她遭遇的不幸越来越多，她对自己和男人们卑微的形象不停地得到确认、不断地增强。

---

[17] 贝克（Beck），1976 年。

对我们信念的倾注

让我们想像一下，您突然像变魔术般地摆脱了长期贴在您身上的标签。您曾经是家里害羞的那个人，现在却主动在街上问陌生人路，还成为第一个敢于在重要时刻表达自己情感的人。到底发生了什么？好吧，这绝对令您惊讶——这是通过制造一种对您和他人严重的不舒适而展开的。

我们周围亲近的人对我们形象的掌握可以使他们更好地预知我们的反应和行为。如果我们因此没有将自己表现出来，那么我们就扰乱了使人安心的标志。人与人之间的认同感是相关的（我是"好人"，因为她"烦人"），这同样会产生对变化的抵触。

通常，我们倾注大量的时间和精力于这些认同感上。一旦我们形成了一个信念，无论它是积极的还是消极的，我们就会倾向于僵化地巩固、确认这个信念。就像在之前描述的实验中一样，我们将挑选与这个观点一致的信息，哪怕为了信息符合这个观点而扭曲事实。我们越倾注于我们的信念，信念越翩翩而至，在我们的内心根深蒂固，特别是如果信念曾经令我们痛苦不堪，那么对我们来说更难再对它产生质疑。对某些人来说，抛弃信念意味着白白受苦。这与我们的选择是同样的运行机制——当我们断绝关系时，我们通常倾向于在最初诋毁整段关系，甚至只保留为我们的决定辩护的要素。

金字塔式的销售模式是基于这一过程的另一个例子——一旦我们参与进来，我们就不再听取质疑我们选择的信息了。我们越在金钱上和情感上投入与被投入，我们越难走回头路，越会花费更多的时间。此销售模式是由金融诈骗组织者使用的，"受害者"一旦投入大量金钱，期待着快速收益，他们就被蜘蛛网套牢，甚至尝试引来其他人的加入。组织者总是以额外奖励引诱他们投入更多。这样，人们投入得越多（所以，如果这样行不通，就会失去更多），他们就越意识不到这是一个骗局。

伊夫和一个朋友去印度度假。一群骗子走近他们，向他们提议加入一项黄金"交易"——为了给所谓的在法国的买主运送首饰（首饰将会被寄到一个邮箱里），他们需要先交一笔钱。这个买主会退还他们这笔钱，并再付给他们几千欧的手续费。尽管他们得到了警告，他们依然参与到这次冒险中，资助了他们的新朋友。回国后，连续数周，伊夫试着寻找那个存放着本应该寄给他的首饰的邮箱（当然是假的），却徒劳一场。

在此类情况下，另一个对人影响巨大的过程是自我辩解，美国心理学家利昂·费斯汀格对此做出了详细的解释。他在 20 世纪50年代发展了认知失调论，并对这种机制进行了解释。他认为，当我们面对不可调和或自相矛盾的认知（信念、思想、观点）时，我们面对的是一种精神上的不舒适，我们做好一切准备以缓解这种不舒适。例如，一个一天抽两包烟的人知道这会损害他的健康。解决不舒适的简单方法可以是戒烟，但如果戒烟失败，他会创造出各式各样的辩解以安慰自己，如："人生有死，死得其所""雅娜·卡尔芒也吸烟却活过了百岁"或"这并没有像我们说的那么糟"。

　　这种机制经常兴盛于宗派分子组织中。在研究期间，利昂·费斯汀格潜心研究，直到深入到此类机制的一项运动中。这项运动的负责人是基奇夫人，她预言1954年12月21日是世界末日。她预言说，美洲西海岸从西雅图到智利将会消失，但虔诚的信徒会在12月20日午夜时分被一个飞碟拯救。费斯汀格想知道当预言被揭穿时会发生什么。这一天渐渐临近，许多信徒辞去了他们的工作，离开了他们的住所，将所有财产捐了出去。费斯汀格预测在组织中较不积极的成员更有可能对基奇夫人失去信仰，而那些舍弃一切在组织中追随她的人对她神秘的力量抱有更多的虔诚与信仰。再没有更周全的想法了：在预先告知的飞碟到达之后的几小时，局势已紧张到极点，当时费斯汀格也在场，基奇夫人向她的信徒宣布，他们虔诚的信仰使世界得救了。组织顿时从绝望转向激昂——组织里的众多成员，甚至是那些并不是最新的信徒也告知媒体奇迹的发生，并试着劝说他们周围亲近的人也皈依他们的信仰。组织中的成员越积极投入到冒险中，他们越需要维护他们信仰的严密性。传布信仰的热忱是证明他们有道理的最佳方法之一。但不出费斯汀格所料，较不积极的成员利用这次事件离开了组织。

在这种宗派的情况下，信仰的体系大部分建立在预言上，而当预言被揭穿时——例如当世界并没有发生一场被预测的巨大灾难，或者外星人并没有到来时——观察信徒的反应是很有意思的。

我在年少时参加过一个相当特别的组织，随着时光的流逝，我意识到这个组织的成员是多么倾向于辩解他们的行为，不相信一切本能影响他们选择的信息。让我们想想，那些如今还存在的伟大的意识形态仍然影响着我们当中的很多人，甚至是那些我们或多或少相信的小事物，如：占星术、通灵者或者因2012年世界末日的预言而突然被数百万人重新关注的玛雅日历。那些真正相信的人或从中获利的人解释说，我们错误地解释了玛雅日历，或我们期待的事件实际上只是"无形"的精神转化。

自我和社会认同

我们对自己的概念化也对我们的社会关系产生影响。当我们以死板、缩小的方式思考我们是否被认同时，我们对一切看起来威胁我们形象的东西都变得太敏感。研究甚至显示，这些威胁激活了与触及我们身体完整性的区域相同的大脑区域[18]。社会心理学研究人员亨利·泰弗尔和约翰·特纳提出的社会认同理论认为，我们都希望有积极、稳定和安全的社会认同感。这导致我们更看重并捍卫决定认同的事物：我们的认同团体、我们的想法，有时这会损害不在此团体中或没有此想法的人的利益。在两个敌对团体的背景下，其中一个团体会倾向于评价另一个团体的行为具有攻击性且不正当，以此辩解自己的攻击行为。这是研究人员[19]为理解苏格兰队和英格兰队的支持者之间的区别而做出的解释之一，这两支球队从属于同一个国家——英国，在 2006 年世界杯上一起对阵另一个国家的球队。一些英格兰支持者对突尼斯支持者表现出过激的行为：他们视对方为"挑衅者"，要抵抗这些敌人。相反，苏格兰支持者对突尼斯支持

---

[18] 艾森伯格（Eisewberger）、利伯曼（Lieberman）和威廉姆斯（Williams），2003 年。
[19] 斯托特（Stott）、哈钦森（Hutchison）和德吕里（Drury），2001 年。

者表现得非常平静。苏格兰支持者可能想区别于英格兰支持者，因为后者的行为被认为并不配得上他们共同的国家。这个例子显示，在攻击的情况下，感知和辩护同样很重要。

另一项显著的研究对驾驶人的挑衅行为进行了研究。科罗拉多州立大学的心理学家威廉·斯莱姆克（William Szlemko）和他的同事们对驾驶人开车时的挑衅行为产生的原因很感兴趣。为此，他们首先评价驾驶人的汽车的个性化程度（通过汽车座椅套、贴在车上的标签、一套好音响或一切其他用户化的形式），然后，他们给驾驶人在车上表现出的挑衅程度打分。研究人员指出，那些过于个性化的汽车的驾驶人更倾向于采取挑衅的驾车方式[20]。我们越认同某样事物，无论是一个想法或一个物品，我们越感到自己不得不捍卫对它的认同。

阳光明媚的一天，我走在去书店的路上，我在过马路时看到了一个奇怪的场景。在我前面一位走在人行横道上的行人对一位闯红灯的汽车司机做出愤怒的手势，紧接着上演了一场唇枪舌战。一项关于此话题的科学研究显示，在大多数情况下，无论我们是哪国人，当我们侮辱某人时，我们不会谈论他们的行为（比如："您闯红灯了"），或者我们的情感（"我刚才真的吓坏了，我感觉很不安全……"），而是攻击他们的社会认同[21]。这就是发生在我眼前的事。然而，当我们这样表现出来时，

---

[20] 斯莱姆克（Szlemko）、本菲尔德（Benfield）、贝尔（Bell）、迪芬巴赫（Deffenbacher）和特鲁普（Troup），2008 年。
[21] 范·伍登霍文（Van Oudenhoven）等人，2008 年。

我们损坏了他人的名誉，侮辱了他人，带有很明显让他人做出反应的目的，这通常是会发生的，但会更加激化冲突。

因为自我中心主义使我们顽固不化，所以它阻碍我们对自我有限的描述的认同，囚禁我们，阻止我们从经历中吸取教训，剥夺我们与这个概念化做斗争的权利。这让我们更纠缠于我们描述自己的故事，反对一切。年复一年，我们变得物质化，将面具紧贴在脸上，裹着我们自己穿上的衣服。这也是罗伦扎西欧在缪塞的同名剧作中所参照的，他陷入了自己设置的角色的圈套里："邪恶对我来说只是一件外衣，而现在它深入到了我的体内……"

无论这个故事与我们认同的团体有关，还是与我们的性格或人格有关，它无论如何都会束缚住我们。这种认同化也使我们忽略了我们与他人和大自然是密不可分的，使我们相信一个稳定的、自治的、与世隔绝的实体。这种认知助长了我们最终抵抗自己的自私、竞争的行为。"当自私的幸福成为生活的唯一目标，生活离没有目标也就不远了"，罗曼·罗兰明智地写道。

第二部分

清醒之路

6

忍耐

―――――

或许，我们生活中的所有恶魔都是公主，期待看到我们幸福、勇敢。

―――――

赖内·马利亚·里尔克

―――――

克莱芒的父母焦急万分地来见我。他们6岁的儿子已经持续数月在晚上磨牙了，因此儿子的睡眠受到了影响，可能对牙齿也会产生不利后果。父母用尽一切办法也不知道怎样使他改掉这个"坏习惯"。在我同克莱芒进行短暂的交流之后，克莱芒简单地向我解释他磨牙是因为晚上鬼魂霸占他的床，就像孩子们经常梦到的那样。"我白躲到被窝里了，"克莱芒说道，"它们怎么也不放过我。""它们长什么样呢？"我问他。"我也不知道，因为我一睁眼它们就逃走了。"克莱芒很快就承认了鬼魂也像他害怕鬼魂一样怕他。我们一起想了一个使他安心的办法——将他最喜欢的毛绒玩具放在鬼魂到来的窗边。在持续一段时间以后，我让克莱芒在第二天下课后打电话给我，告诉我这些天晚上是怎样度过的。他的话语令我印象深刻，但我并不感到惊奇——鬼魂不再打扰他，因此他也不需要磨牙了（这是他的父母跟我证实的）。自从那天起，他已经有十年没有磨牙了。

这个故事当然并不是什么不可思议的事，克莱芒只是知道应该面对他的焦虑，而不是将自己藏起来。为了让鬼魂离开，赶走鬼魂并不是最好的策略，它们总是比我们跑得快……

在第二章，我们了解了回避情感是为不受苦而做出的正常的防御行为。不幸的是，这个解决措施并不是长久之计，甚至可能对我们有不利的影响。因此，接下来我们将探索替代我们回避行为的方法，这个方法我称为忍耐。忍耐的一般意义指的是，忍受并接受我们不赞成或认为不舒适的事物的能力。这章中讨论的忍耐只涉及我们内心的不舒适。

在临床心理学中，这种态度被称为"接受"。我们通常定义它为对不舒适的内在体验（情感、感觉）的赞同。大量科学研究显示了接受对我们心理健康的益处。接受会产生与回避情感相反的影响。在关于接受的一项研究中 [1]，丹佛大学的心理学家阿曼达·沙尔克罗斯成功地展示了面对生活中的不测，接受所起到的保护作用。在实验的第一部分里，她雇佣了可能存在抑郁风险的人（特别是因为他们最近刚刚经历了巨大的困难，例如，亲友的去世、分手或激烈的争吵），并依次衡量他们的接受和抑郁的程度。三个月后，她再次召集实验对象，并评价自从上一次测试以来他们的压力。研究显示，具有较高程度的接受度的参与者的抑郁程度并没有升高，即使他们在三个月间备受煎熬，这与具有较低程度的接受度的参与者恰恰相反。

忍耐并不意味着寻找、欣赏或培养不舒适的情感，而只是给予它们以存在的空间。这种态度使我们不再浪费反对、逃避或克制它们的能量。当然，说永远比做容易，这就是为什么我向您提出培养这种忍耐的不同方法，探索忍耐怎样使我们的生活更加轻松。

---

[1] 沙尔克罗斯（Shallcross）、特洛伊（Troy）、博兰（Boland）和莫斯，2010 年。

创造性的绝望

相信一些人可能已经玩过中国手指陷阱的游戏。就是用藤条编制的小圆套，将其最大限度地从两边套住左右食指。关键在于怎样将被陷阱困住的手指抽出来。通常的反应是试着将手指向外拉出来，但我们越往外拉，编制的藤条越紧，越将手指困在其中。实际上，解决办法是不要向外拉，而是恰恰与我们所想的相反——将手指向里伸缩，这样就可以撑大开口，释放手指了！

这个小例子向我们展示了学习忍耐的基础在于改掉回避的习惯。除非问题总是很明确，否则，大部分人都会咨询精神病医生、心理医生、导师或治疗学家，希望从内在体验、情感（悲伤、恐惧……）中解脱出来，总之是他们认为出现问题的"某种东西"。他们只想从不舒适的情感状态中摆脱出来。让我们举一个萨拉的例子。萨拉说她已经试过所有使自己不再害羞的方法：保持理智、安慰自己（"没事的，并不是那么糟！"）、避免所有可能产生尴尬的社交场合、服用药物或喝酒以放松心情。但是她的羞怯感没有消失，而且她感到更加孤独，对自己更没有信心了。

实际上，控制她内心不舒适的做法并没有奏效。想像一下，如果在她治疗之初我们就告诉她："不但您的焦虑不会消失，而且我们还将一起了解怎样学习与焦虑共存。"那么萨拉会有怎样的反应？可能萨拉并不会相信，也不会再来。但放弃回避和控制的策略是实现忍耐并达到更加舒适的必不可少的条件。在为了消除我们的不舒适而白费努力之后，学习忍耐的第一步就是承认这些试图回避的做法和斗争是没有任何效果的。心理学教授斯蒂文·海耶斯称这种意识为"创造性的绝望[2]"，意思是尽可能最客观地评价我们顽固地与不舒适的情感做斗争的代价，以及意识到这么做并不值得的好处。

想像这样一个场景：您被困坑中，手中只有唯一一个工具——铁锹。回避的策略会让您不断挖掘，直到挖出一个地道逃离出去。想像一下，您挖得越多，土地就越松软，您陷得就越深。结果，您会躺在更大更深的坑里无法自拔。如果幸运地碰到某人经过并愿意出手相救，您心里绝对希望他带来一辆挖掘机，帮您挖救生通道。如果某人给您带来一架梯子，您可能迫切地希望用梯子挖掘吧！在某一时刻，您可能会意识到挖掘并不是一个好办法，所有您之前耗费的力气没有丝毫用处。达到这一步很难，但为了放弃之前的做法并采用另一种更有效的方法是必不可少的。

支配我们的内心世界、思想、情感的法则与外部世界的法

---

[2] 海耶斯、斯特尔萨拉（Strosahl）和威尔逊（Wilson），1999 年。

则并不相同。如果客厅里挂在墙上的旧钟摆的滴答声使我们厌烦，我们可以将它放到另一个房间里，或把钟摆里的机械结构卸下来。但对于我们的情感，只有一种法则占上风，并使我们的生活纷繁复杂——我们抵抗的东西持久存在并无限放大。

我显然没有再次探讨前面提到的回避，而只是提出对我们内心的不舒适（情感和思想）的强行回避。正如乌普萨拉大学的临床心理学研究人员乔安妮·达尔（Joanne Dahl）说的那样："在躲避危险情况和回避思考这种情况之间存在着很大区别，前者会拯救您的生命，而后者会摧毁您的人生。"

让我们花一点时间问自己这几个问题：我有哪些回避的行为？这些行为的长期影响是什么？这些行为耗费了我多少精力？

承认不舒适的情感

　　另一个培养忍耐情感的必要过程是学习承认并观察情感。如果将情感与天气做比较，那么情感几乎是我们内心地带的晴雨表。我们都知道，咒骂气候毫无意义，我们个人对这个因素无法控制。然而，根据气温穿衣、带伞或太阳镜，多加注意是我们可以做的。这与道路驾驶是同样道理：如果这一天狂风暴雪，而我不想下雪，这么想是毫无用处的，我应该放缓速度，甚至为了我的安全停下车来。同样，内心承认天气状况使我们可以做出最恰当的选择，更好地掌舵我们的小船：放下哪张帆？怎样根据风向掌舵？承认情感意味着可以识别出情感，知道我们什么时候生气、悲伤或焦虑。因此，我们必须发展能够客观意识到发生在我们身上的事的能力。我们在一开始可能感到并不自然，但我们会越来越放松。当我们备感压力时，无法平静下来是正常的——当我们感到不安全时，我们并没有被编成可以放松下来的程序。如果一个捕食性动物威胁到了我们，那么我们会拼尽全力逃跑或与它展开搏斗，而不是放松下来。此外，强迫自己平静几乎是回避我们不舒适的另一种形式，对于某些人来说，是产生压力的潜在根源。

　　萨米娅向我解释对她情感的观察怎样改变了她的人际关系："我下班回家经常感到很疲惫。以前，当我到家时，面对孩子们凌乱不堪的屋子（这是我无法忍受的），我顿时火冒三丈，冲他们大发脾气。自从我关注了我的感受，一切都改变了，同时，什么也没有改变，我回家时，屋子凌乱，我很气恼。但一切都转变了，因为我并没有冲孩子们发脾气，我停了一下，观察我的情感，提出一个替代方法，例如，一起整理房间，结果比以前好多了。"

　　识别并承认情绪对经常使我们做出挑衅行为的情感（如：气愤）特别重要。肯塔基大学的理查德·庞德（Richard Pond）和他的同事们[3]挑选了一批实验对象组成一个小组，衡量他们识别并详细描述他们的情感的能力。然后，他们对实验对象进行了 21 天的跟踪调查，评价他们每日的气愤程度、他们遭受的挑衅和他们对此做出的应对方式。能够详细描述并区分他们的情感（例如：能够区分悲伤情绪和气愤情绪）的实验对象通常感到自己更不易被激怒。当他们生气时，他们对挑衅行为做出较少的反应。

　　瓦莱丽向我讲述："马泰奥是我的两个孩子里较大的那个，6 岁，是个特别容易激动的孩子，我对他束手无策。这个敏感

---

[3] 庞德、R.S. 等人，2012 年。

的孩子真的很可爱，但他很容易毫无理由地生气。以前，他的情绪让我疲惫不堪，因为我也跟着他一起生气。而现在，通过学习观察我的情感，退一步静下心来，我能够帮助他识别他的情感了。于是，不可思议的事发生了，他几乎再也不生气了。昨天，他的弟弟弄坏了他的一个小制作，马泰奥对他坚定地说：'我很生气！'他并没有打弟弟，也没冲他大喊大叫。这对于我来说是一次真正的胜利，我的家庭从此走上了和谐之路。"

唉！当我们囚禁于我们的回避机制中时，通常我们很难识别自己的情感，因为这又回到了承认并接受我们正想要回避的感觉。面对生活中的困难，我们不可能放过我们想要的东西，就像很多关于个人发展的著作中提倡的那样。但通过观察我们纠缠不放的东西，斗争会缓和下来，我们会为了建立某种不同的东西而获得某种行为自由。

我现在向您提议做一个小练习，为使我们从紧张的情绪中摆脱出来，这个练习展示了好奇地观察我们内心的紧张情绪是多么关键的第一步——紧紧握住您的右拳，真的很紧，直到您感到疼痛。然后，观察您的拳头，您会很容易意识到您的手指、手腕、可能一直上升到前臂和肘部的挤压感。在大部分情况下，您的拳头会自然松开，因为您在观察您的挤压感。

征服我们难以处理的情绪

忍耐也意味着"支持"我们不赞同、使我们畏惧的事物。只要我们对内心的不舒适做出反应，它们就会掌控我们的生活。学习忍耐需要我们敢于面对自己的情感，识别它们，接受感知它们，与它们共度时光。换句话说，就是要与自己的情感为友。当我们驯服一只动物，我们缓缓接近它，慢慢减小我们与它的距离。这就是小王子与狐狸之间的对话：

"如果你想交一个朋友，那就驯服我吧！"

"应该怎么做呢？"小王子问道。

"要有耐心，"狐狸答道，"你先坐在离我远一点的地方，就像这样在草坪上。我用眼角注视着你，你什么也不要说，语言是误解的根源。但每一天，你坐得离我更近些 [4]。"

我们可以对我们的情感采取同样的原则，学习与我们的沮丧、焦虑、悲伤共存，学习全身心感知这些情感，而不是逃避它

---

[4] 安托万·德·圣·埃克苏佩里，前引书。

们。最好的训练方式是从我们不舒适的小情感开始，使我们习惯于这个新态度。

我喜欢吃巧克力有不同的原因——当然出于喜欢，但有时也为了情感回避。比如：当我结束紧张疲惫的一天回到家里时。在这种情况下，我无意识地吞下一块巧克力，而我并不感到满足，想再多吃一些。如果我真的这样思考了，我甚至无法确定在这种情况下吃巧克力是否给我带来了真正的舒适。练习的第一步在于承认当我的手要打开壁橱的那一刻。然后，我停住我的手，观察我的情感："看，我甚至都没有意识到我有点紧张。"于是，我坐下来，与我的焦虑共度一小段时光，对其进行详细的剖析。我体内的紧张在哪里？它在压力、感觉、体重、体温方面是怎样表现出来的？快速观察我的思想怎样分散我的精力，怎样简简单单就让我重新回到焦虑上。每一次呼吸都为迎接这种感觉而在我的内心释放一点空间。数分钟后，以清醒审慎的方式选择去还是不去找那一块巧克力来品尝的时候到了。或者取而代之，拿一本书到花园里读。

对抗我们力图回避的情境

征服我们的情感，由此培养我们内心的忍耐，使我们借此机会对抗我们习惯于逃离的情境。然而，由于回避所有触及我们情感的情境，我们的生活变得越来越平庸。

几个月以来，夏娃在工作上经历了很多她无法控制的困难。她感到很不舒服，受到老板的不公正待遇，同事也不支持她。但反复思考、尝尽心酸的她无法意识到，她的整个生活会以怎样的程度围着这个情况团团转而结束。她决定观察并迎接她客观感受到的一切。"在哭了一整天之后，我感到一身轻松，一种我很长时间没有感受到的自由。就好像我住在一座漂亮的房子里，但被独自关在臭气熏天的房间里。我并没有为了呼吸顺畅、缓和心情而去其他的房间里自由呼吸，而是坚持闷在这间屋子里。"

通过培养对内在情绪的忍耐，我们赢得了自由——我们的行为不再由情境无意识地主宰，面对每种情况，我们可以选择采取不同的观点和态度，不限制我们行动的能力或权利。这样，我们会以恰当的方式更有能力对抗并回击困难的事情，全身心投入到我们的生活中。

大量科学研究显示，"接受"怎样能够更好地忍受不舒适和痛苦，即使在强压状态下。加利福尼亚州查普曼大学的心理学教授乔治·艾费特（Georg Eifert）和他的同事米歇尔·赫夫纳（Michelle Heffner）在一项研究[5]中挑选了一组对焦虑特别敏感的实验对象。在两个 10 分钟期间，为了研究引起恐慌的身体症状，实验者要求实验对象吸入充满二氧化碳的气体。参与者被分为三组：第一组我们鼓励他们通过观察症状进行忍耐，第二组我们教他们呼吸技巧以试图控制症状，第三组我们不做出任何特殊指示。结果清晰地显示，"忍耐"那一组比其他两组有更少的恐惧感和灾难性的想法（类似"我要失去控制了"或"我真的需要帮助"）。

在另一项显著的研究中，威奇托州立大学的罗伯特·泽特尔（Robert Zettle）和他的同事们[6]对忍耐力强（也可以称为"情感接受度"）的一组和接受度较低的一组进行比较。实验者对所有人进行耐冷能力的测试，所有实验对象需要将一只手放到装有冰水（4° C）的容器中，尽可能长时间地保持在水里，直到无法忍受疼痛再将手抽出来。果然，接受度高的参与者平均坚持的时间（2 分半）是另一组（1 分钟）的 2.5 倍。相反，实验者并没有观察到全体参与者报告的疼痛强度的不同，然而，第一组

---

[5] 艾费特和赫夫纳，2003 年。
[6] 泽特尔等人，2010 年。

成员的手放入水中持续的时间更长。因此，这项实验展示了，接受提升我们对疼痛的忍耐，但接受不会使我们麻痹。

克里斯蒂娜像许多法国人[7]一样服用安眠药。为了健康着想，她的医生建议她减少剂量。但自从她感觉睡不着觉，她就会愤怒不已，而这使她更清醒，最终不得不服用药片。在几次疗程之后，她向我讲述了她是怎样决定直面自己的不舒适的。前两个晚上，她睁着眼观察她的躁动不安。第三个晚上，她睡得很好（也可能因为疲惫），从此以后，她不再服用已经吃了10年的安眠药了。有些夜晚，她的睡眠略差。但她并没有与其做斗争，而是观察她的感觉和感受，并借此进行冥想。

服用安眠药、兴奋剂或镇静剂使我们可以暂时脱离我们的感觉，但这在许多情况下使我们无法体验我们可能完全能够应对的情感、焦虑或抑郁，我们并不会被它们摧毁或击垮。当然，在某些情况下，身体的不舒适很严重，以致在开始治疗前或因为只是为了挺过不适而不得不服用药物。

---

[7] 正如我们在第二章提到的那样，法国人是欧洲服用安眠药最多的人。

跨越我与鞋之间的距离

在我们生活中占有重要地位的活动意味着大部分时间的不舒适，比如：运动、改变饮食方式、照顾小孩、照顾病人或投入一项新计划。

让我们举个跑步的例子吧。这是一项我为保持身材定期尝试进行的活动。您可能不相信我，但对我来说，投入这项运动最艰难的是跨越我与鞋之间的距离。为什么第一步总是很复杂？依我的情况而言，在紧张的一天之后，第一步代表面对我不舒适的感觉，我还要做出更多的努力，如果我与可能替代的方法（读书、吃巧克力）做比较，这种不舒适的感觉会更强烈。好消息是，我跑得越多，我做出的努力越少。因为，一方面，我征服了不舒适；另一方面，运动的好处开始显现出来，从而加强了这个新行为。为什么不将这个方法运用到我们生活的其他领域呢？

回想一下，什么活动使您耗尽体力，先带给您的是不舒适的感觉，即使您很高兴能沉醉其中？对于那些为人父母的人，当孩子晚上哭闹而您不得不起床，或在孩子身旁哄他们入睡就是个很好的例子。这是极度疲惫的根源，但我们却心满意足。

通常是我们的信念阻止了我们的行动，我们通常认为，只有摆脱我们的情感才能做出行动。并不是害羞或焦虑阻止我们接近他人，而是屈服于我们的害羞、焦虑，受其摆布，使我们无法接近他人。忍耐教我们迎接这些情感，观察它们、接近它们、毫不畏惧、亦不克制或让他们侵犯我们。这些情感即使出现，也不会为我们决定怎样行动为好，什么样的行为会给我们带来持久的快乐。

走近更多自由

为了展现我们与不舒适之间的斗争，让我们想像自己参加拔河比赛[8]。对手是一个怪物，中间的火堆将我们与其隔开。我们拉得越紧，怪物就拉得越紧，我们就越害怕被带走或跌倒在火堆里。当我们参加到斗争中时，我们用尽全身力气投入其中。对我们来说，是不可能同时关注生活中真正重要的东西的——可能是照顾一个朋友或一个孩子，弹奏一样乐器或写我们的下一本书。但如果我们松开绳子，停止斗争，那么会发生什么呢？

我和埃莱尼在一起工作。埃莱尼极度害怕坐飞机，她曾经尝试克服她的焦虑，直到她登机那一刻，坐飞机对她来说还是一件不可能的事。于是，她对飞机的恐惧使她只开车旅行，对在欧洲

---

[8] 两个人（或两个团队）分别在一根绳子的两端拉住绳子。两根相距 8 米的线将两组分开。一旦游戏开始，每组或每个参与者尽最大力气拉这根绳，使对方越过这条线或使对方跌倒。

的行程还是可以的，但对于她的职业生活而言，需要到更远的地方出差时就产生问题了。即使她很喜欢她的工作，她还是开始寻找另一份不会触及她的问题的工作。我们在一起将她不现实的目标改为最基本的目标：从"不再害怕坐飞机"到"可以带着恐惧感坐飞机"。在我向她建议的接受练习中，我问她什么动物会触及她的情感。恐惧首先使她想起一个她甚至都不敢看的怪物，在几次练习中，这个怪物变成了一只狐猴，一种长着大眼睛的灵长类动物，接近它并不总令人舒适，更别说是在我们试着摆脱它的时候了！在接下来的练习中，我们用一天的时间在欧洲进行了一次往返飞行，直面问题。为了确认她是否真的发展了忍耐力，狐猴的隐喻是很有用的：她试着摆脱狐猴还是关注狐猴，是否张开双臂迎接它？在起飞时，她给她的焦虑在1至10的范围内打10分——颤抖、哭泣、痉挛。在回程时，她将全部精力集中在焦虑上，接受感知她的焦虑，尽管她的焦虑在起飞时还是9分，但她不再出现很明显的症状了。她甚至能够扎围巾或在她的本子上写字，这是一个看她是否在恐惧时行动自如的测试。两周后，她坐飞机进行了一次去亚洲的长途飞行。在出发几天前，她给我打电话，告诉我对于这样一次长途飞行，她没有之前的习惯性症状了。我回答她，不要忘了焦虑无论在什么时刻都能表现出来，但她现在知道了怎样面对焦虑。她在莫斯科转机，在那里她给我发了一条短息，说飞行时有很多颠簸但一切都好。此后，她又开玩笑地给我发来那只小狐猴的照片，她最终学到与其共存的那只小狐猴。

她同样知道了她可以用同样的方法应对其他情境中难以处理的所有情感——同意感知它们，使自己不被它们控制。

当我们接受不舒适的情感和感觉，我们就不会再根据情感和感觉做出行动，而是更自由地做出行动，我们的态度也不由情感和感觉摆布，即使在非常紧张的情况下。

让我们举个之前谈论过的萨拉的例子，萨拉现在征服了她的害羞，这种情感还使她对他人极度敏感、过分挑剔。萨拉不再回避社交场合：当她想在聚会上跟某个人说话时，她带着害羞一起加入到谈话中，当别人邀请她参加聚会时，虽然她仍感到焦虑，但她仍会去参加。最终，为了好好生活，她决定不再期待感觉到舒适了。

然而，我们通常说在行动之前首先应该摆脱我们的情感：当我们不再感到拘束时，再在公共场合讲话；当我们不再恐惧时，再投入到人际交往中。忍耐教我们将这些"当"转变成"并"。感到拘束并在公共场合讲话，感到恐惧并投入到人际关系中去。这个过程隐藏的方法是切断我们的内在体验（情感、感觉）与我们的行为之间的无意识的关系。当我们不再屈服于我们的情感时，我们就可以选择最适合这种情景的行为了。

"在刺激和回答之间存在着一个空间。我们能够在这个空间里选择自己的回答。而我们的信念和自由就在我们的回答里[9]。"

---

[9] 在维克多·弗兰克的这部精彩之作里查阅这个主题，《用意义治疗活出生命的意义》（Découvrir un sens à sa vie avec la logothérapie），巴黎，人类出版社（de L'Homme），2013 年。

这是出自维克多·弗兰克的话语,话语间夹杂着他复杂、沉重的情感。他是纳粹大屠杀的幸存者,这位精神病医生在集中营里经历了他的双亲和妻子的去世,他自己也被关押在那里。面对极度的悲怆,他经历的一切使他得出结论:没有任何人或任何情况可以剥夺人类最后的自由,即选择的自由。

我说的就是这个自由的空间,面对发生在我们身上的事,自由的空间使我们能够在当下以最恰当的方式做出行动,而不是以无意识的方式行为处事。

向他人敞开心扉

我们对所爱之人更能够敞开心扉,这是因为我们对自身体验的忍耐,这种忍耐使我们对他人困难的情感更加忍耐。但忍耐也使我们更易受伤——敞开心扉,就更易受到触动。忍耐使我们具备了同情、理解、情感分享的能力,但也使我们更易受伤害。但同时,易受伤并不意味着脆弱。无论什么样的情感,即使是痛苦的情感,我们也去体验它,这使我们对生活抱有更加丰富、开放、真实的态度。

关于我自己,我花了点时间使自己在亲朋好友面前不再表现得像个"乐天派"。这种态度可能是因为我很容易就转向乐观,但这也成为我回避不舒适的情感的方法,不论是自己的还是他人的情感。如今，我接受在某些时刻感受到的悲伤，更以开放的胸怀接受我的亲朋好友的悲伤，并且能够更加理解他们的心情。我没有变成不快乐的人，但这种变化使我对生活中重要的东西更加游刃有余，更加仁慈，更加豁达——接受自己，并在差别中接受他人。

忍耐，就是任其存在

您知道当飓风形成的旋风时速达到300km/h，最平静的地方相反是在飓风中心吗？一名机上乘客遭遇飓风，他曾描述过飞机是在遭遇怎样猛烈的颠簸之后恢复平静的。那个地方景色壮美，阳光反射到舷窗上，暴风雨阴暗的乌云环绕在四周。我们可以借此情景，想像我们对潜伏在心底的不舒适的忍耐，即使内心风雨肆意，我们也能找到心灵深处的平静安详。

我们了解了忍耐我们的不舒适和不舒适的情绪，这样会给我们留出开放的空间。为了进一步试着选择对所处情况最合适的行为，我们观察不舒适，而不是无意识地对我们的体验做出行动。在整个学习过程中，变化并不会立即显现。重要的是，为了体验一切不舒适，我们需要确认并放弃回避的策略。忍耐，就是任其存在。

纳西姆对这一话题做出了解释："我的一位近亲的去世让我

久久不能释怀。我从来没有参加过葬礼。这么多年来，我一直不习惯在我生命中出现的这个鬼魂，我试着不顾一切从这些回忆、画面和情感中解脱出来。再者，这个鬼魂总是在最坏的时刻出现，即当我感到孤独或悲伤的时候。我花时间努力征服我的情绪，经过一段困难时期，鬼魂终于消失了。取而代之的是在我的生命之园里开出的新鲜的花朵。空白并没有消失，但我现在可以平静安详地看着它了。与空缺共存，我感到自己更加富有了。"

我们囚禁于我们反抗的一切，不论通过拒绝、逃离，还是否认，我们都受困于我们开始进行斗争的能量范围内。通过接受走近困难的中心，客观地观察并经受困难的方法，我们逐渐从困难中解脱自己。

想像一下，最近您刚搬到一个新小区，星期六晚上，您决定邀请所有的邻居到您家做客。一切都进展得很顺利，大家欢聚一堂，其乐融融。突然，您看到克莱尔向家门靠近。这是一个住得稍远的居民，所有人都觉得她有点古怪。她说话声音大，不讲卫生，穿着落伍。而且，她总是指手划脚，您也看到了她惹怒别人的"天赋"。总而言之，您真的希望她不会来您家里做客。突然，门铃响了，没错，就是她。您脑中迅速闪过各种应对的画面。当然，您也可以不给她开门，但在这种情况下，她就会散布谣言，破坏您的聚会，更败坏您的声誉。所以，您让她进来，但整晚您都监视着她，为了确保她不会清空吧台，不将手放到沙拉里，不无理取闹挑起与他人的争吵……纠缠于她的到来，您可能不再享受当下的聚会，也无法照顾好其他客人。您也可能选择不受恐惧的摆布。您为克莱尔敞开大门，欢迎她来到您的家里，把她视作跟其他人一样的居民，但这并不是说您赞同她的言语或欣赏她的行为。可能您在一开始有点紧张，但您会将更多的精力放在其他的客人身上。

不顾一切对抗我们难以应付的情感的另一个后果是，我们不再有时间、精力或空间去体验生活中有益的一面，比如：上面提到的故事中可爱欢乐的客人。一旦我们的情感被征服，我们就有能力做出决定，观察并培养使我们生活有意义的事物，即使在最困难的情况下。

我的朋友帕特丽夏最近死于黑素瘤，在 CT 机和化疗的交替治疗期间，她去山上度假时给我发信息，说她迎接情感的态度怎样使她没有脱离生活。"现在，我的内心汹涌澎湃，我蹲下来仔细观察迎接浪花。好吧，恐惧还是席卷心头！我在那玩得很愉快，只是在那。我看到一只母鹿就在我身旁，我听到鸟鸣，观察到滑雪者的紧张。昨天我还跟我的朋友开玩笑呢，像个 5 岁的孩子。"

这难道不是接受与我们不舒适的情感共存的根本变化吗？当我们接受不舒适的情感，我们的生活就会摆脱不舒适的情感。诚然，我们需要足够勇敢以面对我们生活的魔鬼，这也是里尔克在本章开篇所谈到的。但为了探索它们值得我们学习的地方或给予我们的东西，这是必不可少的条件。我请这位伟大的诗人 [10] 进行总结吧："当悲伤袭来，不要感到害怕，即使它是您从未经历过的悲痛。当不安掠过，像乌云的光影照在您的手上和面颊，想一想某种东西在您身上生根发芽，生活没有抛弃您，它牵着您的手，永远也不松开。为什么您想要将痛苦、不安、沉重的伤感从生活中抹去，而这些正是您忽略的在您身上生根发芽的杰作呢！"

---

[10] 赖内·马利亚·里尔克：《致一位青年使人的信》，巴黎，格拉塞出版社，2002 年。

7

摆脱

———

我在生活中遇到很多困难，而大部分都没有发生。

———

马克·吐温

———

在第三章里，我们了解到借助于"神奇的"积极思考形式的大部分方法对那些需要积极思考的人并不奏效，甚至会加重他们的状况。这些方法以思想创造现实的原则出发，通过改变我们的思想，让我们认为一切都会变好，使我们将积极思考放到我们生活经历中的中心位置上。这产生并强化了一种机制，使我们对我们的思想变得依赖，甚至囚禁于我们的思想中。

我绝没有认为我们的思想对我们的生活没有影响。显而易见的是，因为我们给予思想以空间，所以我们的思想对我们产生了更多的影响。但我重新探讨的问题是，某些人坚决认为我们能够改变我们思想的性质，并且应该改变它。我们的许多思考都是无意识产生的，进一步影响我们的情感和行为，我们甚至都觉察不到。既然您试着成为您思想的主人，当掌控或转化您的思想没有奏效时，您就得给自己寻找替代方法？第三浪潮疗法[1]提议我们远离我们的思想，摆脱我们的思想而不再成为思想的奴隶。换句话说，我们要从强制我们思考的束缚中解脱出来。

---

[1] 这个"第三浪潮"特别表现为情感和接受的中心地位，而不是对内在体验的回避。它包括接受与实现疗法（ACT）、辩证行为疗法（DBT）和基于正念的其他疗法。您可以就这一话题参见书后的作者注。

我们思想的性质

我们总是在思考，甚至我们都意识不到。去找一张纸和一支笔，记下您在一分钟内想到的事情。我确信，您的这张纸很快就会被黑压压一片的各种想法填满了。大部分想法是无意识的——这些想法是根据情境、我们所处的环境、心情、在我们大脑中形成的关系而产生的。带着这样的想法，我们无意识地行事，面对需要我们全身心投入的情况，我们可能会失去处理的能力。无意识的行为通常产生于例行活动中。于是，我们忘记了我们不是去上班，而是在去孩子学校的路上。极端情况是缺乏警觉而产生的意外——我们的思绪游离在外。因此，从我们的思绪中解脱出来的第一步是更好地理解我们思想的性质。

我们的思想和思想所描绘的事物之间的不同是什么？通常，我们看不到思想，我们将思想视为事实，却忘了它只是思想而已。

让我们举一个巧克力的例子。巧克力是一种具有某些特性的食品：颜色、重量、构造、气味、味道。它是具体的，我们可以闻到它、触到它、品尝它。相反，我们对于巧克力的想法是抽象的、精神上的简单构建。因巧克力而联系起来的物品和思想是两种不同的事物——我们可以吃巧克力食品，却不能吃巧克力思想，这只是在我们脑中的一个概念。

我们还可以举其他的例子：运动的思想不会使我们保持身材，或我们不可以吃饭店的菜单！我们的思想像地图一样实用，使我们在世界上更好地理解、行动，但思想不是世界。正如爱尔兰谚语所说："纵使思忖千百度，不如亲手下地锄。"

如果我们严肃对待我们的思想，那么思想会对我们产生过多的影响。当我们对思想投以过多的信任和关注，我们对思想的反应会与对现实的反应相同。我们回忆起一段不舒适的经历足以导致身体上的变化，如：心跳加快、流泪，在无任何客观原因的情况下，使我们重新置于压力、气愤或紧张状态下，就像快乐的回忆可以毫无客观原因地将我们带入天堂一样。但是，在这种情况下，我们无法忍受。西方的参考标准对我们的思想及其内容非常重视。我们做出行动，就好像在我们的行为和思想之间存在一个因果关系，就好像思想总是行为的直接原因。我们猜想，如果 x（一个"消极思想"，如："我不够格"）产生，那么 y（一个不合愿望的行为结果："我在学业上不会成功"）是不可避免的。让我们举一个学生的例子：这个学生很聪明，但在期末时"产生想法[2]"，认为自己并不足够聪明以通过他所选学校的大学入学考试。十有八九他不会参加考试（行为）。总之，"产生想法"对他来说足够复杂了，在这种情况下，他甚至不会去试

---

[2] 我故意用这样一个蹩脚的表达，为了展示当我们被思想所控时的过程。

一试，这个事实限制了他。

"每次当我想到我的前女友曾经对我的态度，我就气不打一处来，"樊尚说，"我又回忆起我们最近的争吵，我再现情境，越来越确定她就是为了利用我。我要忍住自己，不去给她打电话，拆穿她的真正的企图。"

当我们将我们的思想和现实混淆时，我们赋予思想同样的特征，让他们掌控我们的生活。我们描述、评论现实的口头能力深深嵌入我们的生活里，以致我们从来没有对其产生质疑。我们的智慧引领我们走进抽象、概念的"第二世界"里，与具体、敏感的真实世界并排建立起来。这个抽象功能对我们一直都很有用。在今天我们还给孩子讲的狼或吃人妖魔的故事里涉及的就是这个功能。这种抽象的语言表达过程使我们从过去发生的事（关于遇见狼的不幸的遭遇的思想、回忆）中吸取教训，对未来起到警示作用，保护我们免受它的侵扰或学习驱赶它。这个能力使我们甚至可以向从来没有见过狼的人解释这个动物的样子。极端情况下，我们甚至在别人心里植入对狼、蜘蛛或吃人妖魔的恐惧感，即使他们从来没有见过吃人妖魔（更不用说它是否存在了）。当我们拟定一项职业计划时，这个游走在精神上的能力此时成为我们成功的手段，但在其他情况下，当一段回忆不停烦扰我们，或我们为并不会发生的情况未雨绸缪时，我们会受制于这种能力。

如果世界只通过我们的思想而存在，那么我们可能会失去与敏感的现实的联系，而这一现实是通过我们的五官传递给我们的。于是，我们会竭尽全力抵抗概念、表达或信念。

对抽象和具体这两个世界的混淆使我们做出更强烈、更僵化的反应，并限制我们的可能性。在一场激烈的讨论中，您从来没有遇到这种情况：发现您不再为某个具体事情而争执，而仅仅为了证明自己是对的吗？或甚至完全张口结舌，只强调一句话："他怎么能对我说这个呢？"

几年前，在我曾经就职的公司组织的晚宴上，我与经理就"战略"与"战术"的区别展开讨论。于我而言，这是一个微不足道的话题，所以我漫不经心地谈论这个问题，但我本就喜欢辩论，所以可能也带一点挑衅的意味。至于对方，他看起来比我更深地沉浸在他的思想中，与我恰恰相反，他大发雷霆，面红耳赤。我当时应该退一步，但如今我更加注意大部分人并不能很好地分清他们和他们的思想的问题，当我们反驳他们时，即使针对完全普通、显然对我们不重要的话题，他们也感到气愤不已，甚至感觉他们受到了侵犯。

脱离思想

我们摆脱思想关键的第一步就是区别真实的世界和充斥着我们思想的世界。另一个关键是远离我们的思想，使它们失去掌控我们的权力。这种排斥通过意识到思考的过程而实现。

心理学研究人员秋彦增田 (Akihiko Masuda) 和他的团队 [3] 对排斥思想进行了多项实验。在其中一项研究中，他评估了处理扰乱的思想最有效的方法。参与者被分成三组："排斥思想"组、"控制思想"组和对照组。他让第一组成员在 30 秒内高声重复他们以一个词总结的消极思想（例如："我真是蠢透了"总结为"蠢"）。他向第二组实验对象解释说，他们可以利用积极的自我肯定或呼吸的方式试着控制他们的思想。第三组阅读一篇关于日本的文章。结果显示，大声说出总结思想的词语产生的排斥与读文章或控制思想相比，减少了对这些思想的不舒适和信念。在这种情况下，排斥思想使我们对一个词（长度、

---

[3] 增田、海耶斯、萨基特（Sackett）和图伊格（Twohig），2004 年。

响度）的首要特征更能产生意识，倾注更少的情感。换句话说，词语重新成为一个简单的词！

因为我们的思想很具有说服力，所以我们很容易将其与世界混淆，一旦混淆产生，我们就会囚禁于这一关系中。一种保护自己免受思想控制的方法在于，区分在一个人身上或一种情况中可以观察到的东西（也就是我们所说的"首要特征"）与只是对这个人或这种情况做出的反应的批判和评价（称为"次要特征"）。

注意评价和观察的区别，例如："我的同事不公平"（评价）和"我的同事在会上没有发言为我辩护"（观察），"这种情况永远无法得到解决"（评价）或"我感到焦虑，我认为我不会成功的"（观察）。区别评价和观察可以避免我们囚禁于我们认为是客观现实的有限解释。

现在举另一个关于个人情况影响您的例子。试着区别这个情况和涉及的人的所有首要特征（例如：这个人提高嗓门）与次要特征（他对我不尊重）的不同。通常来说，这个简单练习可以使您缓解紧张的情绪，避免看待问题绝对化。

产生想法或由我们的思想产生想法

双手捧起这本书，尽可能近地靠近您的双眼——您只能区分个别词语，然后，您很快什么也看不清了。这就是当我们依附、纠缠于我们的想法时产生的情况。长此以往，这个习惯会产生一种僵化的模式，束缚我们感知真实的事物及其环境的能力，如果情况需要，最终还会对此做出反应。在愉悦或醉人的时刻，缺少灵活性也是我们品味生活的潜在限制。

慢慢将书离开您的脸：您发现视线变宽了，现在可以看见东西了？这与远离我们的思想的方法相同——观察我们"正在思考"这一行为，会使我们与我们的思想保持距离。

与其带着我们的思想进入冲突关系中，不如培养对我们的思想抱有善意的好奇心。

弗朗索瓦在找新工作，正经历着人生中的困难时期。我向他提议辨认他的思想："无论怎样，我都感觉自己很蠢，我做不来……""我甚至在开始之前就不知所措了……"，然后将它们写下来，记成想法，如："我有这样的想法……"这样，他之前的思想就变为"我有这样的想法，无论怎样，我都感觉自己很蠢，我做不来……"或"我观察到我有这样的想法：我甚至在开始之前就不知所措了……""我有这样的想法"或"我观察到我有这样的想法"不是很自然的表达，但这样的说法使我们与自己的思想拉开距离。弗朗索瓦告诉我，在做了一周这个练习之后，他感觉更加释然了，他能够更加清楚地看问题，更有耐心了。

注意观察我们的精神世界，无论晴天还是阴天，都会在我们和我们的思想之间开启自由的空间。

"我最具毁灭性的前5个思想"是另一项我喜欢建议的练习。

这个练习对帕斯卡尔非常有效。我要求他辨认出他最易复发的消极思想。当他说他一文不值的时候，他就会观察到是3号想法复发了。当他说，无论怎样，他都会以失败告终时，就简单地记下这是2号想法。他向我承认，他最终很开心能看到一两个想法复发，这意味着他不再囚禁于自己的思想了。他向我吐露说："我一开始是持怀疑态度的，但我现在做到了观察我的思想。令人惊讶的是，这些想法通常是一样的，有时稍有改变。能认出这些想法是一件很有意思的事。"

重获自由

简化我们的思想是通往自由的必经之路。当我们严格遵循我们的思想时，我们就会任凭思想的摆布。当我们戴上太阳镜时，我们知道环境的颜色轻微地改变了。这与思想是同一个道理——思想渗透渲染我们对世界的感知。所以，不要相信世界"真正的"颜色，与其戴着思想的有色眼镜看世界，不如以观察思想开始。毕竟戴着眼镜看世界和看眼镜是不同的。

弗洛朗斯向我讲述，有一天在公司食堂只剩她一个人，而往常这里人满为患。当时已经很晚，食堂要关门了。几分钟后，餐厅寂静无声，她突然意识到她的思想在内心的嘈杂声。声音巨大以致她感觉有十个人在她的空桌子上吃饭。而就在这时，她发现自己已经吞下盘子里一半的食物了，自己却全然不知。她对我开玩笑说："我感到自己是在吃自己的思想中度过的这一刻，所以我一点也不饿了！"

这个有趣的经历是弗洛朗斯突然意识到精神产生嘈杂的成果。那么，怎样做到这一点呢？

例如：一项旨在不任思想摆布就意识到我们的即时思想的练

习，就好像我们看着一列火车驶过，而并没有登上第一节车厢。要全神贯注观察车厢，即您的问题和计划。闭上双眼，思想集中于呼吸上。在某一时刻，您会在最初很快发现您不再与您的呼吸在一起了，而是跟着这样或那样的想法。您跳上车厢，记下来，回到呼吸上。

显然，在抽象世界里思考和生活并不会产生什么消极后果，这是我们不同寻常的适应能力的结果，但不要不知不觉地僵化我们的行为。

您早上一定想过这一天将会很糟糕，想到以前就有过这样的经历，或者您不敢接电话与这个讨厌的人说话，就让电话这么响着。太注重我们的思想，我们最终会盲从自己的思想。

意识到我们的思想只是概念，甚至特别是当思想朝相反方向发展时，我们便与其拉开了距离。我们的思想和行为之间的传统关系因此而解开，尽管当下的思想还存在，但与思想拉开距离使我们可以选择最适合所处情况的行为。因为归根到底，无论我们有怎样的思想，重要的不是我们的行为吗？不是我们会身体力行做出的事情吗？将思想视为它们在现实中昙花一现的表演，可以使我们保持清醒，将关注点放在真正使我们前行的思想上。

我曾经与一位年轻母亲纳伊玛讨论过这个问题，她有一天对我说："我发现我被我的思想折磨得筋疲力尽，以致当我下班回家时，我对孩子们心不在焉。他们向我讲述一天中遇到的困难或经历的有意思的事，我总是回答：'真棒。'通过观察这一情况，我甚至意识到我将我的两个儿子当成了双胞胎，而他们相差13个月。我总是与他们同时说话。与我的思想拉开距离（准备什么饭菜、购物、要完成的工作、要熨烫的衣服）使我改变了对我的孩子们的态度。现在，我在每个孩子身上单独花时间相处，我们的关系更加亲密了。"

如果这个就是解决办法呢？拉开我们与我们思想之间的距离，以便缩短我们与我们所爱之事的距离？

不要相信我们的大脑向我们描述的一切

这当然并不容易——我们的思想很有说服力，诡计多端，使我们上当受骗。我们能训练自己不相信大脑向我们描述的一切，什么也不"买"吗？之所以我用这个描述性的字眼，是因为我们可以将我们飘摇不定的思想，与努力说服我们需要他的全套用品的售货员做比较。我们买下一切，直到我们的住所满满当当，很难找到我们想要的东西，无下脚之处，再也没有地方放其他东西。

内华达学校的两位研究人员巴赫（Bach）和海耶斯进行了一项著名的研究，发现精神分裂患者有一种表现为与现实脱离的精神障碍。患者饱受幻觉和谵妄之苦，有时遵循他们听到的指使他们行事的声音，对自己和他人做出危险行为。即使服用了安定药这类针对性的药物，很多病人还是继续饱受这些症状之苦，定期回到医院就医。在巴赫和海耶斯的实验中，他们将80位精神病患者随机分配到传统的治疗中，或分配到同样的治疗中，但伴随让他们学习远离幻觉的简短训练[4]。结果显示，接受后一项治疗的患者相反产生了更多幻觉，但他们与另一组相比，更加不相信这些幻觉，这减少了50%的重回医院的概率。巴赫和海耶斯总结说，我们与思想的关系（相信思想或不相信）比思想的内容或出现的次数更重要。

让我们做一个小练习：重复说"我不能将左手放到我脑袋上"，同时，将手放到准确的地方。然后走着说："我不能向前走三步"。这个小练习展示了我们完全可以不服从我们的思想。当然，在我们非常相信自己的思想的情况下并不很明显。练习渐渐摆脱思想的重要性就在于，当我们的思想极度让人深信不疑时，可以采用这个方法。

阿琳试着采用排斥思想的方法，最近向我讲述这样一个故事。

"我接到了以前一个同事的电话，我们约好在我家见面。我等了她一上午，她也没来。到了下午，她还没来。我心里想：她

---

[4] 巴赫和海耶斯，2002 年。

可以给我打电话告诉我会来得晚些或跟我说她不来了。我很生气，因为我本来很期待她的到来。我失望至极，伤心欲绝。我为她找理由，给自己讲故事，试着了解可能发生的事。我也很担心，因为她没来见我。然后，终于出现了这样一个时刻，我意识到是我的思想在奔腾汹涌。我停下来，观察我的思想，决定做出行动重新开始。将近下午 5 点时，当我不再等她，我脸上终于露出了笑容。如果我当时继续反复思考，可能我们不会度过这么快乐的时光。最后，我发现是我记错了见面的时间。"

我们人生的巴士

想像一辆巴士，例如：皇家气派的英国巴士。您是这辆巴士的司机，而这辆巴士是您人生的巴士。在巴士的三角楣上写着我们人生中重要的事情（照顾您的孩子、您的伴侣，您加入某一协会中）作为终点站。当然，您的巴士会在一些车站前停下来，乘客在这里上车下车（这里指的是我们的思想、回忆，也有我们在之前的章节中谈到的情感和冲动）。正如在真实的人生中，您无法控制谁会上车，也不知道乘客会在巴士上待多长时间。

在第一站，乘客上车。他们舒适惬意，怡然自得，正如我们的某些情绪一样。他们安静地坐下来。随着路途渐远，不太友好的乘客上车了，他们咄咄逼人、凶神恶煞、焦躁不安。一些人没有安静地坐在后排，而是走到前面，提高嗓门，对您说："别从那走""向左转""回车库去！"

我们通常忘记，无论这些乘客吵闹还是安静，都没有办法直接影响我们的巴士的正常行进。他们能做的只是试着说服我们服从他们。您可以停车，开始与他们争吵，试着让他们明白他们错了或命令他们下车，但这并不起什么作用。您可能还会因此精疲力尽，而且在这段时间内，车是停着的。如果您疲惫不堪或更显脆弱，乘客会更有说服力。因为您希望他们不再打扰您，您会偏离您在最初选择的方向。"焦虑"乘客说，如果您不走这座桥，他就饶了您。"沮丧"乘客强迫您加快速度。将全部空间留给那些制造最强噪音的人，会让您错失机遇，无法倾听那些鼓励您欣赏风景、对您有信心、为您指路的安静的乘客。

所有乘客是旅途中自然而然的一部分，问题不在于他们的存在，而是在于服从他们的要求。那么怎样解决呢？把他们当作简单的乘客对待，继续在正确的方向上前进。即使当令人不愉快的乘客出现时，善意的好奇心也会使旅途更加轻松。

保持变通

练习观察我们的思想可以改变我们与思想的关系，从无意识的束缚状态转变到更自由的关系。排斥思想使我们更平静地生活，不是因为我们赢得了与思想的斗争，而是因为我们停下了争斗。

达尼埃尔是我的培训小组中的一位学员，他因大量烦扰和令人不舒适的思想而患上失眠症。在课程结束时，他表示，他还存在失眠的症状和侵入的思想，但因为他停止了斗争，远离了他的思想，这些思想不再让他那么痛苦了。他对所有人说，这对他来说不再是什么问题了，对比所有人都很惊讶。

正如这个故事呈现的那样，不再相信，也不再无意识地赞同我们所有的思想，不会使我们很快进入积极状态中，但这会使我们的思想不再控制我们的生活。

摆脱思想的目的是使我们更加变通，更加自由。如果摆脱是一种意识形态，那么就像在《垄断大亨》（Monopoly）这款游戏中一样，您一定会回到"监狱"格子里。排斥思想不应该在所有场合或所有情形下使用。如果您早上起来对自己说："多么美好的一天啊！我感觉很好，生活真美！"，那么您不必强迫自己与这个美好的想法拉开距离。亚伯拉罕·马斯洛曾说："如果您拥有的唯一工具是一把锤子，那么您会忍不住将所有事物看成钉子。"因此，我建议您智慧地看待这个过程，在您的人生之路上前行，不要囚禁于僵化的新习惯里。

玛加丽要去国外出差，但因家庭原因她不得不缩短出差时间。当她跟我讲这件事的时候，她的大脑里充斥着焦虑的思想，这些思想阻止她去见她的负责人，告诉他们这个消息："不会进展得很顺利""他们会要求我说明理由""他们不会接受我的解释"。最终，她决定面对现实，解释她的问题，而她之前想到的什么也没有发生。负责人考虑了她的解释，接受了她的假期请求。如果她听从她的思想，她就不会去问，还会对她的同事发火。

印度哲人斯瓦米·普拉吉难帕告诉我们，心理栖息在恶性循环中。它自己产生问题，然后试着解决。我们的思想通常会搞错，使我们上当受骗。如果我们不那么重视我们的思想，会怎样呢？

阿凡提[5]正在家里休息，这时邻居过来敲门。"阿凡提，阿凡提，我有个坏消息要告诉您。""什么坏消息？"被打扰的阿凡提不开心地问。"您的妻子出轨了。""这不可能，"阿凡提回答，"我是村子里最受人尊敬的人，谁都不敢对我做出这种事来。""不

---

[5] 阿凡提生性质朴、大智若愚，是阿拉伯穆斯林世界的神话人物。人们讲述的关于他的故事通常来自他荒唐的智慧。

幸的是，这是事实，"邻居反驳说，"为了证明这是真的，我可以为你指出今天晚上她约会情人的地点和时间。"阿凡提买了一把枪，练习了一下午射击。夜晚来临，他来到指示的地点，在一个四周种满树的庭院里，他选了一棵树，坐在枝干上，然后在脑中开始策划："他们会从哪回去？""我先朝谁开枪？"等一系列问题。时间慢慢溜走，两个情人还没有出现。清晨，见面时间早已过去，公鸡的鸣叫唤醒了阿凡提，黎明的清风拂来，吹来了顿悟："我从来没结过婚啊！"他这才想起来。

8

善待自我

———

我接下来要说的可能会让您目瞪口呆。

您认为您有缺点吗？

好吧，我建议您去爱您的缺点。

缺点就像故事里看守公主所在城堡的饥饿之狗。

如果英雄给它吃的，它就会让他进去。

当我们悉心呵护我们认为的缺点时，它们就不会伤害您。

如果我们找到了与其和平相处的好办法，

我们甚至可以使其服务于我们的计划。

当我们停止内战是多么解脱啊！

没有奖赏我们的上帝，也没有惩罚我们的恶魔。

我们不会被批判。

———

亨利·古果

———

当我们的生活突然出现了难题，我们犯了错或意识到我们的缺点和不完美，我们大多数人会严肃看待这些问题。这种态度符合控制与犯罪的双逻辑。在文化和教育提升社会比较和竞争的价值的背景下，我们实际上很难接受自己是脆弱和不完美的人。

如果我们对我们确立的目标降低个人"价值"，那么我们会在第四章探索的追求自尊中得到许多不希望见到的结果。当我们遇到困难或失败，面对我们自己的极限时，我们通常会表现得对自己很苛刻。一般来说，此时我们也会感到孤立无援而更觉痛苦。我们忘记了我们是脆弱的，不完美和失败是全人类共同的经历。

从定义上来说，脆弱表现为易受伤、不稳定、易被摧毁。这是我们所有人的特点。的确，我们生来就会得病、遭遇困境和不稳定。在我们人生开始的前几年，我们完全依赖父母和周围其他成年人的照顾。夜晚，我们也会经常陷入极度脆弱的状态中，这种极度脆弱必须由我们精心呵护，然后再舍我们而去。

这是生活的条件之一。我们都会有失衡和犹豫的时期，这是我们生活的一部分，将会伴我们生活左右，与我们共存。过度追求自尊会导致我们倾向于忽略或掩盖我们的脆弱，除非我们必然意识到这个问题。

因此，我们自己还需要学习培养其他类型的关系吗？在这一章里，我们将探索不涉及评价自身价值的关系，使我们逃离追求自尊的陷阱。

我们中大多数人认为同情他人、对他人敞开心扉是一个很重要的优点。同情、无私和宽容同样越来越被视为社会基本道德。但我们又是怎样对待自己的呢？怎样才能善待自己像善待我们亲近的人一样？

我见过很多母亲，她们想要自己的孩子有一个比任何人都幸福的生活，他们照顾自己，做自己生活的主人，不为他人牺牲，就这样幸福下去。但是，她们中的许多人对自己很苛刻，对自己的缺点和困难毫不留情。而我们白费口舌对孩子们说："对自己好一些。"如果我们向他们展示反面，他们会更多地坚持遵循我们的行为而不是我们的话语。这通常也会使母亲们转变态度——她们意识到善待自我对他人产生积极影响，特别是她们的孩子们，她们也发现善待自我同样对自己很宝贵。

卡尔·古斯塔夫·荣格可能会说："喂养饥饿者，原谅侮辱我的人，爱我的敌人，这就是高尚的美德。但如果我发现最穷的乞丐和最厚颜无耻的冒犯者住在我的心里，我最需要对自己善解人意，我自己才是最需要被爱的敌人，那么会发生什么呢？到底会发生什么呢？"

当我们面对我们的缺点、困难或怀疑时，善待自我需要理解和善意的自省能力。德克萨斯大学的一位研究人员克里斯汀·内夫（Kristin Neff）将善待自我称为"自我同情"，对其进行系统的研究。她认为自我同情表现为三个方面：对自己仁慈、承认自我同情、共同的人性以及客观迎接全部的内在体验。善待自我并没有建立在评价我们的自我价值上，而是基于在情绪低落时期，我们采取温和、同情、不苛刻、不批判的态度。善待自我使我们感知到生活的反面和困难，以及伴随的不舒适情感，这也是人类经历的一部分，因为我们每个人迟早都会面对。善待自我使我们触及共同的人性，提醒我们每个人都不是完美的。

伊戈尔对我说："我总是被认为是完美的儿子，我因此很痛苦。在我整个青年时期，我很惧怕使我的父亲失望。我对自己并不宽容，我所做的一切在我眼中都没有尽善尽美，我身体上和心理上都一直很紧张。如今，我接受了我大大小小的不完美，更加善待自己了。我知道我还会犯错，我有时也会失望，但我与自己的关系更加和谐了。"

苛待自我

苛待自我是由很多因素产生的：在第四章讲到的竞争文化（如：自恋）使我们对自己过分苛求。教育和父母批判性的话语显然也负有责任[1]：当我们还是孩子的时候，我们与在那个时期对我们最重要的成年人的相处使我们学到了很多，特别是与我们亲近的父母和老师的相处。在社会层面，由我们的文化转化的信息也有其重要性。在西方，我们以轻蔑的眼光看待善待自我，认为苛待自我才是正确的行为，认为自我批评才能使我们走上正确的道路。"爱之深，责之切"，甚至连谚语也这么说，难怪人们对自己毫不留情。当我向周围的人提这个问题时，大部分不知情的人就这一话题将自满和随意与善待自我联系起来。

自尊与善待自我的区别

自尊基于对自我价值感的积极评价，基于对自我表现的认同。相反，善待自我也叫作"自我同情"，并不涉及自我评价。它更像是一种开放的意识形式，触及我们经历的方方面面，甚至是那

---

[1] 内夫和冯克（Vonk），2009 年。

些最困难的时刻。因此，善待自我的个体比那些高自尊的人在保护自我方面显得更不在意。这种态度使他们敞开心扉，更好地客观接受像无能为力这样的情感，谦卑地接受它的存在。

善待自我也会促进社会关系和共同人性的情感，而追求自尊基于个人优异的价值提升，因此对于二者的区别，善待自我与其相反，提倡我们承认无能为力的情感是一种普遍情感，它使我们更加关注自己与他人的共同点而不是区别。追求自尊与我们的个人价值感有关，为了实现目标，使我们依赖于我们无法控制的因素。相反，善待自我更适用于生活不尽如人意的时刻，就外部环境而言，会引起更少的依赖，使我们更加稳定、抵抗力更强。

不同研究对自尊和善待自我的影响进行了比较。特别是克里斯汀·内夫的研究提出，善待自我保护我们免受追求自尊的不良影响[2]。对自己更宽容的人更少与他人进行比较，因此逻辑上更不会受社会观念的束缚。他们对自己并不那么深思熟虑，也并不需要证明自己是对的。与自尊相反，善待自我与自恋无关。例如：在一项研究中，我们要求参与者想出他们最大的一个缺点。我们发现，与自尊相反，善待自我保护我们免受这个练习引起的焦虑[3]。

---

[2] 内夫，2011 年。
[3] 内夫、柯克帕特里克（Kirkpatrick）和鲁德（Rude），2007 年。

因此，善待自我回应了由自尊引起的主要问题，那些我在第四章里提出的问题，特别是关于我们的心理现象和我们与他人的关系。大量研究显示，能否善待自我与健康的精神状态有关，如：对生活更满意、与他人友好接触的感觉，以及更少的自我批判、反复思考、焦虑、抑郁或完美主义。这种善待也会使我们更加乐观、充满好奇心和个人创造力[4]。

在接下来的段落里，根据不同的科学研究，我们将会一起探究在我们生活中多方面善待自我的好处。

善待自我与自我形象

苛待自我和自我批判在我们生活的各个方面都潜在地体现出来。在这个处处离不开形象的社会，特别是我们呈现给他人的形象，体重和身姿成为我们现代人最摆脱不掉的困扰之一。此外，我们通常在畅销书排行榜上找一两本特定食谱的书。当我们试着减肥时，我们通常会经历涉及自我形象的困难情感。屈服于欲望会引起不舒适的情感，产生自我评价和自我批判（"我真笨""我坚持不下来""我不会成功的"等）。于是，恶性循环产生了——我们为了缓解消极情感和因没坚持住引起的罪恶感而吃得更多。几年前，心理学家克莱尔·亚当斯（Claire

---

[4] 内夫和冯克，2009 年。

Adams）和马克·利里（Mark Leary）[5]进行了一项有趣的研究。研究人员挑选了按规定遵循特定食谱的人。首先，他们要求参与者在节食期间吃被禁止吃的食物——煎饼、油腻的食物、甜食和大多数饮食学家的死敌。第一阶段后，他们为参与者端上三个装满不同甜食的碗，然后给他们指定任务，要求他们猜出每一种甜食的味道。研究人员要求他们品尝每种甜食中至少一颗糖果，但也明确他们想吃多少都可以。容器事先经过称重以估计每个人的消耗量。在品尝开始前，研究人员鼓励一半的实验对象不要感觉不好，也不要为打破特定食谱而自责，而对另一半实验对象没有任何说明。研究显示，那些被鼓励表现出自我同情的人比其他人吃的糖少得多。因此，在这种情况下，善待自我似乎缓解了压力，减轻了由吃煎饼产生的挫败感而引起的强迫现象。充分善待我们自己，我们会学到更温柔地对待自我。

奥雷莉的妈妈总是对她自己和女儿的外貌吹毛求疵："与家里其他人相比，我们的小腿肚真的很粗，手也长得不好看，真是丑极了。"奥雷莉只穿长裤或长连衣裙，避免出现在会被看到小腿的所有场合，例如：运动。她不喜欢自己的手，所以也不照顾它们。自我同情使她更加温和地观察她对自己的批判。当她有时还对自己不满意的时候，她不会遮掩，也不会虐待她的身体，而是开始细心照顾自己的身体，每个月跟朋友去泡一次土耳其浴。

---

[5] 亚当斯和利里，2007 年。

善待自我与人际关系

过度追求自尊可能会使我们在竞争过程中远离我们的亲朋好友，而自我同情恰恰相反，善待自我会改善我们的人际关系。美国科学研究特别显示，这一特点可以更好地处理冲突，改善夫妻关系。一些研究人员提出猜想，认为善待自我会冻结不安全感带来的防御体系，开启与他人建立关系、充满爱的融合体系。善待自我与照顾和融洽联系在一起，而自尊更倾向于与竞争和涉及社会等级的优越或低劣的评价相提并论 [6]。

若阿娜成长于一个完美主义之家。她的父母对个人要求极为苛刻，"无论我们做什么事，都要做好，要不就不做"，他们常常这样说。在若阿娜的整个青年时期，她小心翼翼地活着，生怕达不到父母的期望，使他们失望（其实也发生过几次）。她总感觉她的父母只会在她满足他们成功的标准时才会爱她。结果，她对自己要求极为严格，对别人也一样——若阿娜常常毫不接受自己的极限而严厉批评自己，从而对自己产生怀疑。哪怕一丁点失

---

[6] 吉尔伯特（Gilbert），2005 年。

误对她来说也是全面的溃败。如今，自我同情帮助她承认了自己的不完美和极限。"我更加善待自己，对他人也越来越宽容了，这使我的生活焕然一新。我的压力得到了缓解，与别人的冲突也减少了，这让我的工作蒸蒸日上。如今，我更容易接受批评，即使这会继续使我备受煎熬，我不再囚禁于羞愧与犯罪感中。此外，我变得不再经常对自己不满意了。"

在婚姻生活、家庭或工作中，我们的需求都会时不时地与他人的需求相左。我向往平静的夜晚，而我的妻子喜欢我们晚上出去；我需要安全感和爱，而她需要的是自由；我喜欢有序的生活，而我的孩子们很有创造力……我列举的还不是很详尽，您可以继续补充下去。南加利福尼亚大学的一项科学研究，就我们的需求与周围亲近的人的需求相左的问题，对五百多位参与者进行了研究。这种情况会产生三种结果：考虑我们的需求、各执己见或找到一个折衷办法。研究明确显示，自我同情在人际关系中给人以更多的安全感，折衷越多，情感波动越小，人际关系越和谐[7]。

因此，善待自我促进人际关系融洽，通过对我们的配偶敞开心扉、倾注更多的情感、更加宽容，即完善正在发展的夫妻关系的必要条件，也使我们更好地处理冲突。善待自我使我们更容易接受别人的极限和缺点。相反，苛待自我使我们对自己和他人吹

---

[7] 亚内尔（Yarnell）和内夫，2013年。

毛求疵，使我们囚禁于自我中心主义的圈子里，与世隔绝。研究这一领域的专家克里斯汀·内夫[8]确认了自我同情和对他人友好的关系。在她其中的一项研究中显示，自我同情度更高的人在他们的搭档眼里内心更充满爱、更亲切、更宽容，而苛待自我的人被认为更专横、倾向于控制一切、对不同点斤斤计较。

此外，因为苛待自我的人被困于他们不舒适的情感里（例如：气愤或焦虑），所以在与他们的搭档的冲突中，他们极易激动，特别表现为口头攻击。

奥利维耶和桑德拉有三个孩子。他们像许多夫妻一样，对家里的卫生和孩子的教育的标准和期望始终没有达成一致。当他们的小女儿在呕吐之后没有直接被换衣服，或她的裤子与上衣不配时，两人就硝烟四起，延伸至辩解、责备和批判。他们练习善待自我后，意识到如果他们卡在教育孩子的"好方法"的观点上互不相让，如果他们要求另一方遵循自己的标准，那么他们的生活会随着无休止的争执而堕落。

与自尊相比，自我同情使我们对他人更加关心，在人际关系中更加满足，产生更少的拒绝行为和口头攻击。这进一步显示，与我们的想法恰恰相反，自尊似乎在人际关系质量中并不是主要因素。而许多人认为是他们的"自尊问题"阻碍了人际关系的发展。正如我们在第四章看到的，实际上是过度追求自尊而不是自

---

[8] 内夫和拜赖特瓦什（Beretvas），2013年。

尊带来的问题。许多人际关系的冲突起源于其中一方的自尊被另一方伤害，他无法接受自己被再次质疑，或者他需要捍卫自己的形象。当我们纠缠于追求自尊过程中的自身价值时，我们会因他人的复杂多变无法对他们做出真实的判断。

善待自我也使我们克服了追求自尊导致的依赖。当我们不再期待我们的配偶满足我们所有的需求时，当我们允许照顾我们自己时，我们会为配偶腾出更多时间，而不单单以"防卫"或"抗议"的方式。除了夫妻关系以外，自我同情也使我们对亲朋好友更加豁达。

若弗鲁瓦有一个四岁的孩子，他对我说："我是极端完美主义者。这个善待自我的练习使我更加豁达，意识到自己强迫自己的要求，这使我对他人更加敞开心扉，特别是对我的小女儿。以前，她任性的时候，我总是站在自己的位置上考虑问题，与孩子的关系因此渐渐恶化。而上一次，我试了另一种方法：我并没有对女儿采取强硬态度，也没有充耳不闻，而是停下来进行一段时间的观察，然后她的不舒适就消失了。"

善待自我与生活的考验

在我们人生中的困难时期（如：事故、分别、疾病、衰老），我们可能会对自己苛刻起来。随着年龄的增长，我们会习惯适应我们身体的变化、外表的改变，以及某些身体上和精神上能力的逐渐退化。此外，还有亲朋好友（父母、配偶、兄妹、朋友）去世的可能。所有这些变化是痛苦和批判的潜在根源，而自我同情的帮助对我们来说越发珍贵。一项对 67 岁至 90 岁的参与者进行的研究证明，对于那些身体健康欠佳的人，自我同情使他们拥有更强的幸福感[9]。

亚利桑那大学[10]进行了一项针对在离婚情况下善待自我的影响的研究。对很多人来说，这个考验给人巨大的压力，对我们的长期的生活产生了影响。研究人员挑选了结婚超过 13 年但离婚至少 4 个月的参与者，要求他们想他们的配偶 30 秒，然后让关于离婚的思想和情感袭来，持续 4 分钟。四位评判员评价参与者表现出对自己同情的程度，记录并分析参与者的感受。举个例子，

---

[9] 艾伦、戈德瓦塞尔（Goldwasser）和利里，2012 年。
[10] 斯巴拉（Sbarra）、史密斯和梅尔（Mehl），2012 年。

下面是这项研究记录的感受的摘要："我感到内心受到深深的伤害，同时也很自责，但我能做的只有面对现实……应该为我所做的或没做到的一切相互谅解。"另一个摘要相对来说就少了点什么："我不知道我怎么走到今天这步，都是我的错，我不知道为什么抛弃了他……我做了什么？我搞砸了一切。"

实验显示，自我同情程度高的实验对象在研究初期受到更少的情感折磨，自我同情在随后的 9 个月内起到了保护作用[11]。研究人员还发现了其他意想不到的事：通过将自我同情与其他积极特征，如自尊、对抑郁的抵抗力、乐观或人际交往的才能进行对比发现，自我同情会产生最强的抵抗力。明白失败是人经历的一部分会令人减少孤独感。以同情看待自己，客观观察自己的嫉妒和气愤，使我们更关注当下，而不会只纠缠于过去。简言之，自我同情好似抵抗力不可否认的因素，帮助我们渡过生活的难关。

当我们能够原谅自己时，我们就更容易原谅他人。玛格达·霍兰德·拉丰（Magda Hollander Lafon）是一位从奥斯维辛集中营死里逃生的不同寻常的女人，她在一次访谈[12]中很公正地看待这件事："原谅是相互的，不与自己和解就不算原谅。我要原谅自己，原谅自己活下来。我明白我给了纳粹处置我的权力。我遭受了他们对我施加的刑罚，毁了我的生活。我给了他们使我失去生活的

---

[11] 研究人员证实，这不是因为参与者受到离婚的影响小。
[12] 访谈可以在 2012 年 11 月的这个网址上找到：www.bonnenouvelle.ch

乐趣的权力。从那一时刻起，一切都变了。当我明白了这个道理时……直到与自己和解，原谅自己，我才重拾起内心深处生活的力量，找回了生活的乐趣。是的，多么曲折的道路啊！"

善待自我和改善自我的动力

我们还没有提及的一个问题是改变的动力。自我同情不可能使我们同情自己的缺点和错误，不会鼓励我们改变自己、提升自己吗？我们了解了追求自尊使学习复杂化，在这种情况下，我们的个人价值情感取决于工作、学习、人际关系中的"成功度"，我们很难承认自己的错误，因为这些错误直接威胁我们的个人价值情感。于是，我们倾向于为自己辩护或自我防御，阻止我们从失败的经历中吸取教训。但善待自己又会怎样呢？

一系列研究就这一话题展开探索，并将自我同情与自尊的影响进行比较[13]。例如：这些研究将同情更多地与个人质疑联系起来。研究也显示，在测验失败后，自我同情使我们投入更多的学习时间，以通过下次测验。在其中一项研究中，实验对象首先接受一个大部分人都失败的极为困难的考试。实验者为他们提供正确的答案和一个定义列表来帮助他们通过考试。实验对象想学多长时间都可以。自我同情程度高的参与者学习时间更长，这使他

---

[13] 布赖内斯（Breines）和陈，2012 年。

们在补考中取得了更好的成绩。关于个人弱点（如：表达我们所想、表现出来、说"不"的困难），研究指出，与自尊相比，自我同情使我们更有动力改善自己。

对于我们大多数人来说，善待自我以反常、反直觉的方式推动我们改正自己，使自己变得更好。由于自我同情并不基于对我们自身价值的评价，所以自我同情使我们避免自身价值降低或对自己积极幻想的危险，这也是追求自尊的两个影响。

鲍里斯在一个总是注重个人是否优秀的家庭里成长，在这个家里，别人的观点和社会比较都很重要。成功是不可缺少的。他像他的兄弟姐妹一样，学习成绩优异，但相反，他从来没有真正从中得到快乐。他从来没有在体育或音乐学科上坚持过，在这些学科中，他没有很快崭露头角，即使他对这些学科很感兴趣。对他唯一的抉择就是"成功或失败"，他如果在新活动里不出类拔萃，就会很快放弃。成年后，他练习更好地接受自己，试着走入音乐、运动的世界里，作为自我休闲的娱乐，而不是在别人眼里提升自我价值（或降低自我价值）的工具。这使他愉快地投入到这些新活动中，从沉重的要求中解脱出来。

自我同情度越高的人对自我防御程度越低，他们更容易承认自己的错误，原谅自己，但也更现实，当机会再次来临时，试着做到更好。

因此，善待自我对我们的生活质量、与他人的关系或对自己质疑的能力有很多好处。但我们能学会这种态度吗？

怎样实现更加善待自我？

自我同情不会使我们洋洋得意、自我满足或停滞不前，相反，它会使我们头脑清晰、注重现实、充分调动全身能量面对变化。当我们明白我们不是个例，大部分人在同样的场合都经历过相同的情感时，我们就不会执着于对自我批判的反复思考。

对那些没有善待自我倾向的人的好消息是：多种研究显示，自我同情可以被学会，并逐渐培养，即使是成年人，也可以学会。我们可以练习以更清晰、更善待自我的眼光看待自己。保罗·吉尔伯特（Paul Gilbert）教授特别研究出一项团队疗法，称为"同情培养"，目的是帮助人们发展自我同情的优点，特别是在他们厌恶自己的困难情况下 [14]。心理学家克里斯汀·内夫和克里斯托夫·杰默（Christopher Germer）最近进行的一项研究揭示，每周进行两小时自我同情的培训，持续八次，不但大大提升了对自己的宽容度，而且提升了参与者的幸福感。这项培训提高了他们对生活的满意度，降低了他们的抑郁、焦虑和压力的程

[14] 吉尔伯特和普罗克特（Procter），2006 年。

度。这项研究甚至证明这些影响在培训之后持续了一年之久[15]。

在向参与者提出的练习中，让我们关注一下这个练习：注意我们批评自己的语言，学习使用对自己更宽容的表达[16]。

面对您自己，您通常会做出怎样的反应？在失败情况下或当您发现了自己的一个弱点时，您会怎样对自己说话？语气很强硬？您通常会对生活中哪些方面做出批判？您苛待自己的后果是什么？这使您更幸福快乐，还是沮丧抑郁？如果您能够真正接受、欣赏自己本来的样子，您认为您会产生什么样的感觉？

另一个练习是写日记，记下每天我们感觉不好或惭愧的事情，或使我们批评自己的事情。然后，将自己置于一个友善的朋友的位置上，写几句温柔、体贴、鼓励自己的话语。

卸下盔甲

自我同情会使我们卸下我们的盔甲，那个使我们与他人隔离的盔甲。尽管盔甲可以保护我们免受战争的打击，但是当我们溺水时，并不很容易脱离困境，披着盔甲无法使我们照料自己的伤口，也无法拥抱别人。直面自己的脆弱可以使我们消除人皆完美的假象，接受本来的自己，活在当下。通过接受我们的脆弱，我

---

[15] 内夫和杰默，2013 年。
[16] 柯苏、黑伦（Heeren）和威尔逊，2011 年。

们会节省为了追随别人而改变自己付出的一切时间和精力，因此，这会使我们面对生活更坚强、更释然。这又回到了停止对自己斗争的话题上，正如在本章开篇引用的亨利·古果的优美节选对我们提议的那样。承认我们的脆弱也使我们可以照料自己的脆弱，使我们向前看。正如诗人卡里·纪伯伦所说："每当我遭受疼痛，厄运使我苦恼，我内心的朋友都会安慰我。对自己经受不住友情考验的人是公众的敌人，对自己不自信的人会陷入绝境。"

脆弱也使我们团结起来，如果没有脆弱，我们就不会走向他人。脆弱可以建立关系，使我们与他人接触。虽然我们会震撼于我们的荣耀和成功，但我们只会被我们的脆弱和伤口而触动。正如莱昂纳德·科恩在一首绝美的歌中所唱："所有事物都有裂缝，而光明就是从裂缝中透过来的。"善待自我、接受自己的脆弱，会推动我们与自己保持更和谐的关系，使我们与世界建立起更平和的关系。

9

自我放大

———————

谦逊并不是低人一等，而在于摆脱对自我的重视。

———————

马蒂厄·里卡尔

———————

在第五章里，我们了解了自我缩小的概念，我将叙事自我（指的是我们讲述关于自己的故事）与自我中心主义联系起来，叙事自我会导致我们的灵活度降低、选择受限。的确如此，这种态度会特别通过我们之前谈论的贴标签和墨守成规的方法，使我们囚禁于预定义的参考标准中，而不会使我们通过调动我们当时所有的能量，以最符合当时情况的方式做出行动。我们也学到，自我中心主义使我们几乎完全只关注自己，忽略了我们与他人、与世界的关系。

在阿贝尔·阿布阿利当（Abel Aboualiten）的一部戏剧《我是先知，这是我儿子说的》（*Je suis un prophète, c'est mon fils qui l'a dit*）中，作者分享了关于这个话题他自己的经历："传统和宗教深深融入在您的血脉里，侵蚀您的童年。从您的祖先、您的父母那继承的负担强行寄居在您的身体里，就像存在于您的基因里一样。摆脱它需要擎天撼地的力量。您不但需要摆脱受许多'事实和真相'沾染的隐形外衣，这些'事实和真相'在您眼里虚假而古怪，而且为了摆脱群居天性，您还要与其做斗争。

这样做已是极度侮辱，是您对所属团体最严重的背叛，这个窃取制造您身份权力的团体。"

我们囚禁于自我中心主义，拖着自己的故事的重担喘不过气来，我们最终会提着沉重的箱子，阻止我们追寻、建造我们的自由之路。从自己的故事中辨认自己，达到反省自我的程度，这是缘何而来？我们对这样的反应又应该采取何种替代方法？

修正基本归因谬误

我们通常将自己和他人看作僵化的个体，所有行为都归因于个体的性格和人格的内在特质或固定集合上。为了解释某人的行为，我们都倾向于高估他的性格决定因素，而忽略情境的影响。我想起与我有分歧的一位同事，他最终假装探索我"真实"的一面。在许多人的意识里，我们真正的性格会在某些场合下显现出来，比如：当我们喝醉了或在特殊的情况下。但无论在哪方面，我们都不会缩小自己，我们会根据情境和人，以多种不同方式做出反应。然而，可能出于可预见性和控制的需要人类的思想是受缩小同类的某些"人格"因素制约的。如果我知道你是怎样的人，那么我就可以做出合适的反应，保护自己免受可能的危险袭击。心理学称之为"基本归因谬误"，即我们高估自己自由意志的能力和我们的自律度，却忽略了我们和他人所有的行为是受很多内在和外在因素影响的——健康、心情、周围的人、融入集体的压力或名誉的影响。实际上，我们可以做出很多行为，其中是一些我们精神拒绝的行为。在当今社会中，我们常会沾染这样的小毛病，谴责某些个体（如：所谓的外来入侵者、恐怖分子、犯人或社会边缘者），指出他们罪恶的行为。这使我们放下心来，以为自己或多或少掌控了生活的世界，当然，我们是这个世界里好的一面。解释并接受我们可能做出受谴责的行为可能太复杂了。然而，正是这种意识使我们更自由、更像一个合格的公民。认为我们完全是自由、独一无二的，会使我们无意识地行动，归纳辩解我们所有的行为。相反，明白我们是影响我们的整体的一部分，会使我们更可能以我们的价值和选择行事，而不是以我们的故事或背景做出行为。

我们是我们的故事吗？

相信并认同我们是怎样的人，由此行为处事，就像我们在第七章里学到的带着我们讨人厌的思想行事。如果我们认为"我笨手笨脚的"或"我很焦虑"，那么我们可以练习摆脱并观察这一想法："我有一个想法，我笨手笨脚的"或"我有一个想法，我很焦虑"。或者"我观察到这样一个想法，'我笨手笨脚的'，我观察到这样一个想法，'我很焦虑'。"您发现区别了吗？承认这些只是想法已经拉开了一段距离，已经走出了摆脱这些想法的第一步，这些想法会对我们产生更小的影响。问题不是了解这些想法的对错，而是承认它们概念化的性质。这些只是想法罢了，并没有定义我们是怎样的人。

如果我们过于看重我们对自己叙述的故事，那么这些故事会在大大小小的方面限制我们的生活。

对于卡里纳来说，是关于做饭的故事。"我总是想着我不会做饭，达到了十分肯定、深信不疑的程度。在家里的问题就是：'今晚吃什么？'另外，我的亲朋好友过来看我不会为吃饭而来，而是为了度过一段愉快的时光。在意识到这一点之后，在冥想训练期间，在我思想的重压下，我报名参加了烹饪课程。在第一节课后，我几乎不想再去了，因为我以前的想法已经深深嵌入大脑里，我对自己说，这真的不是我做得来的。过了很长时间，我还是去了，我改变了买菜、准备菜肴的方法。我不但意识到我的想法并不是现实（我们都可以切菜、炒菜），而且我意识到如此简单的信念就会给我的幸福带来很大的伤害。我发现，二十年多来对我来说充满消极能量的活动现在竟然给我带来如此多的乐趣！"

这个例子可能无足轻重，但在更严重的情况下，当痛苦的过去让我们相信"我们是"坏人，我们不值得被爱，我们是"吸毒者"和"情感依赖者"时，显然同样的过程会再次上演。

放宽视野

实际上，叙事自我的模式有点像我们的"默认配置"模式——我们大部分人自然而然地坠入这种状态特有的精神飘忽不定中。我们的大脑描述的不是我们的生活。与我们的大脑叙述的东西拉开距离，换句话说，也就是更少地陷入自我中心主义的圈套里，使我们更智慧地应对生活中的情况。通过智慧，您理解了这个优点由三部分组成：承认我们无法了解一切，意识到世界在不断变化，以及与自身利益相比，更多地对公众利益的担忧[1]。相反，自我中心主义定义为对自身苛刻的想法、世界永恒的意识和主要以自我为中心的忧虑。

一项科学研究[2]显示，与换位思考一样简单的事情，例如：通过想像自己是某一困难情况的见证者或参与者，会在我们身上引起不同的反应。通过想像自己身在境遇之外，与所处境遇拉开距离，使参与者更加明智——他们更可能承认自己的论证的

---

[1] 吉尔伯特和普罗克特（Procter），2006 年。

[2] 吉尔伯特和普罗克特（Procter），2006 年。

局限，这也会促进思想的辩证性，也就是接受世界和状况在不断改变的特点。简言之，对某一情况越少辨认自己，我们的论证越不会以我们的故事及其局限性为条件，因此也更加客观。

尽可能详细地写下与您的生活故事相关的几个问题（使您完全高兴不起来的事）——发生了什么，怎么发生的，和谁在一起，原因是什么。然后，回过头来看您写的文章，只保留事实。将解释和表示原因的话语放在一边，例如："这是因为"或"由于"。通常，我们会很快倾向于在发生于我们身上的事情之间建立因果关系，观察这是怎样进行的："我在工作上没有取得进展，因为别人没有让我选择我想学的专业""我抚养孩子有困难，因为在我的童年里，我受尽父母之间的争吵"等。

练习的最后一步：换位思考。例如：以局外人的角度思考问题，根据同样的事实叙述完全不同的故事。我们可以学到的是，事实不是决定我们叙述关于自己的故事的唯一要素。事实根据故事产生意义，而故事的可能性又是多种多样的。我不是说一切皆有可能，也不是说发生在我们身上的事不存在。我只是说，虽然事实不会改变，但我们对事实赋予的意义、我们的故事和对故事的依恋程度可以改变。

这些研究人员进行的另一项研究令人惊讶。2008年美国总统竞选前三周，研究人员雇佣了意识形态方面明显不同的个体：一半由民主党组成，另一半由共和党组成。研究人员提出这样的要求：如果他们不支持的候选人竞选成功，他们就要思考国家的未来环境或死刑。两组收到的是不同的命令。其中一组要将自己想像为真正的美国人，另一组要保持一定距离进行思考，想像自己是移民美国的冰岛人。研究结果显示，保持距离使人们更能意识到我们的思考方式是有限的，同时促进两个亲社会倾向：考虑他人的观点和合作。研究也显示，保持最远距离的参与者的想法最不极端。换位思考、不以他们的出身与自己同化（我是美国人，我选共和党），会使我们心理上更加变通，论证时更加明智，对他人更加豁达。

因此，换位思考可以使我们从自我中心主义中抽离出来，更多地考虑他人。我在第四章引用了詹妮弗·克罗克和她的同事们[3]的研究，他们假设了一个使我们克服自我中心的问题的有趣的方法，即我们确定的目标要涉及他人，促进比自己还重要的事情的发展。于是，我们不再围绕自己团团转，我们对可能威胁自己形象的东西不再那么脆弱。

一位穷困潦倒的老人和他的独生子住在一个小村庄里。他唯一的财富是一匹漂亮的白马。村子里所有人都劝他卖掉白马："你太可怜了，老人家，如果你卖了你的马，定能卖个好价钱，让你生活得体面些。"老人没有听他们的话。一天晚上，马逃

---

[3] 克罗克和帕克，2004 年。

跑了。所有邻居都嚷道："真倒霉！如果你听了我们的话，你就有钱了，但今天早上，你什么也没有了。""倒不倒霉，我不知道，"老人回答道："我生在波谷里，对海洋的广阔一无所知。我知道的只是我的马不在了。""可怜的人啊，完全失去了理智。"村民们嘲讽道。第二天夜晚，马回来了，并带回了十二匹漂亮的种公马。"真幸运啊，"村民们赞叹着，"你当时做得真对，现在你是全村最富的人了。""幸与不幸，我不知道，"老人答道，"我生在树荫下，对森林的繁茂一无所知。""他真的疯了。"村民说道。不久，他唯一的儿子骑马时跌断了一条腿。"多不幸啊，老人家，现在你唯一的儿子残疾了，尽管你很有钱，但谁又会照顾你呢？""幸与不幸，我又怎么知道？我知道的只是我的儿子跌倒了。"老人说道。就在这时，他们的国家和邻国爆发了激烈的战争。所有适龄男人都被征调参军了。所有人，除了只能跛行的老人的儿子。"啊，多幸运啊！"全村的妇女说道，"你当时没有担心是对的，我们的丈夫、兄弟和孩子都去参军了，你是唯一一个有儿子陪在身边的人。""幸与不幸，谁知道呢？我生在山丘的庇荫下，对大山的雄伟一无所知，"老人说，"但你们不停地问东问西，指指点点，真的无可救药。"

一切皆变

如果我们像前文谈到的卡里纳和她害怕做饭的故事一样，不再相信我们长期讲给自己的故事，如果我们不再有我们不停变化着的情感、思想和反应，那么我们应该成为怎样的人呢？

一旦我们学会看轻我们的故事，摆脱别人给我们贴的标签，我们就走上了正确的道路，使更加变幻莫测的观点从我们自身经历中抽离出来。因此，我们将学习观察我们表现出的思想（评论、辩解）、情感和感觉，一旦它们显现出来，就观察它们的演变过程。"一切皆流，"希腊哲学家赫拉克利特曾说，"人不能两次踏入同一条河流。"一种称为"正念"的冥想方法采用了这个方法，即观察此刻体验的方法[4]，如今这种冥想方法无论在医学、教学领域，还是在组织机构里都得到了广泛传播。

您现在有什么感觉，就在您所在的地方？您的坐姿是怎样的，您手中的书有多沉？您看到什么了？您此刻闪过怎样的想法？您感觉怎么样？

------

[4] 毕晓普（Bishop）等人，2004 年；柯苏、黑伦和威尔逊，2011 年。

通过这些问题，我们会很快意识到我们几乎持续不断地依赖评价。我们的体验并不是固定不变的，它会根据情境的不同而变化。通过练习，我们会学到更好地从内心世界了解自己，同时根据时刻、背景和其他因素辨认出自己，我们会有特殊的舒适或不舒适的思想和情感，但我们不会为这些情感和思想缩小自己。

让·雅克·卢梭在《一个孤独散步者的遐想》中呈现了这一唯美的画面："世界上万物都在持续的流动中——没有任何恒定不变的形式，我们对外物的情感必然会随着它们一起变化发展[5]。"学习的关键是意识到我们的体验会不断变化，因此，我们不必怀念先前的故事和感受。这就是为什么我们要学习变通，因为无论在什么时候，我们都可能面对区分我们对周遭世界的观察做出的评论和解释。这种感知世界的方法使我们关注当下，远离沉重的评论，从中解脱出来。这不意味着不应该评论，或我们永远不会评论。相反，评论有重要的作用，有时有益于心理素质的发展。但意识到我们在当下的体验中感知的和我们大脑产生的所有评论和批判的不同，使我们更不会成为我们自己思想的玩物[6]。

---

[5] 让-雅克·卢梭：《一个孤独散步者的遐想》，1782 年。
[6] 夏皮罗（Shapiro）、卡尔森（Carlson）、阿斯坦（Astin）和弗雷德曼（Freedman），2006 年。

接受体验

对我们来说，开阔涉及范围更广的视角，宽广到包含我们观察到的自身行为，这是可行的。我们称这种涉及面广的视角为"自我观察"，它使我们可以观察到我们所有的体验、情感、感觉和思想。然而每种情感、感觉和思想持续的时间是有限的，而且一直不停地变化，自我是观察这些变化的恒定不变的视角，是我们所有体验的见证者。所以，自我观察与我们体验的内容（舒适或不舒适等）不尽相同。因此，当我们的生活中发生一件事时，我们不会以同样方式受到威胁。我们不再完全从出现的思想、感觉和情感中辨认自己，我们能更容易地接受它们了。的确，能够观察这些内在体验意味着我们不单单是这些思想、情感和感觉[7]。

举一个乌云密布的天空的例子，就像我今天早上写作时看到的天气。想像一下，乌云代表我们的思想、情感和感觉。如果我们完全认为自己是这些乌云，是我们经历的内容，那么乌云会使我们经历困难的时刻，我们会不停地期待，通常不确定

[7] 布莱克利奇（Blackledge）、恰罗基（Ciarrochi）和迪恩（Deane），2009 年。

是红云还是白云……让我们反过来想，把自己当作天空，观察乌云的变化：天空总是保持它天空的本质，无论是雷阵雨、暴风雨还是冰雹，它都不会因天气变化而受影响。

这是卢梭在《一个孤独散步者的遐想》散步五中谈到的视角："但是，如果有一种状态，心灵可以找到一个坚实的地方在那里栖息，完全放松，将自己完全聚集起来，不需要回忆过去，也无须展望未来；在那里，时间对它来说毫无意义，'此刻'一直持续，而并不显现出来，也不留下接续的痕迹，没有丧失或占有、快乐或悲伤、欲望或恐惧的感受，只有存在的感觉，只要有这种感觉，我们的心灵就会完全得到充实。只要这种状态一直持续着，处于这种状态的人就可以称自己为幸福的人，这种幸福不是不完美、贫乏、相对的，就像在我们生活的愉悦中看到的那样，而是富足、完美、充分的幸福，不会给心灵留下任何需要填补的空虚[8]。"

当注意力不再仅仅局限于外部世界，不再带着有限、多变的视角，而是将目光投向自己时，我们会发现一个广阔无边的世界。世界是在我们自己的意识中出现的，就像开启一扇最终引领我们欣赏生活的窗户。

---

[8] 前引书。

自我神经系统科学

"叙事自我"或"自我观察"的概念对我们很多人来说可能看起来很抽象，甚至晦涩难懂，但许多科学研究都以此为研究对象。在多伦多大学进行的关于神经成像的研究显示，叙事自我和自我在此刻的体验会激活不同的大脑回路。在神经系统科学研究人员诺曼·法尔布（Norman Farb）带领团队进行的一项研究中，研究人员训练实验对象区分叙事自我的体验和此刻的体验（也称为"自我体验"）。自我体验的过程表现为在此刻，一刻接着一刻，对自我不加感觉、情感和思想的评判的观察。为了归纳叙事自我的体验，研究人员列了一个描述人的性格特点的形容词标签表，使人很容易从中找到符合自己的特点（如："害羞""勇敢"或"自信"）。参与者需要从中找出符合自己性格特点的描述，并指出符合的程度。在实验进行过程中，研究人员发现在这两种自我体验中，大脑活动区有很大不同。这些变化在拥有正念冥想技巧和从一种模式转换到另一种模式的能力的实验对象身上体现得更明显[9]。

---

[9] 法尔布等人，2007 年。

走向自我遗忘

在我们生活中的某些时刻，我们会自然而然地做出偏离中心、谦卑的行为，社会心理学研究人员称之为"低自我"模式。在这种情况下，人们更关注此刻，更注重他们行为的细节，而不是他们的价值或声誉。拥有更少个人化和概念化的自我意义的人对可能威胁他自我的事物（批判、失败）并不会做出太大反应，他们会更镇定地面对所处情况。他们也对一概而论更不赞同，因为他们思考的方式更灵活。孩提时，我们与世界混为一谈，没有个人的意识。随着我们慢慢长大，我们逐渐发展我们的认同感，于是，我们变得越来越以自我为中心，幸亏我们通常表现出的是慷慨。只是随着我们意识的发展，我们重新学习，承认我们是一个更大整体的一部分。法国哲学家、农业生态学家皮埃尔·哈比（Pierre Rabhi）强调说，这种提升我们意识的形式使我们得以愉快而平静地谦卑[10]。

对这一话题进行的实验显示，当我们更少地以自我为中心，

---

[10] 皮埃尔·哈比参加 2012 年涌泉日（la journé e Émergences）期间所说的话，参见 www.emergences.org

更少地关注、认同自我缩小的观点时，对我们和他人生活，以及对我们的环境会产生积极的影响[11]。谦卑使我们从社会比较的竞技场中走出来，使我们更可能感知作为更大整体的一部分的自我，这会促进我们与他人的关系。我们不再因比较而担忧，我们逃离了以自我为中心的判断，比别人更好还是更差的判断。同情、无私、情感同化同样诞生于自我更广阔的视角。当我们更少地纠缠于我们是谁，和我们给予自己的形象，我们会更亲近他人，我们的行为和目标会更自然地涉及他人的幸福。自我遗忘也使我们的思想更变通。我们以多种视角看待生活，思想更加开放，更能够考虑到我们所做决定中的复杂要素。这种态度最终会引起某种自我超越，使我们更多地为所有人的幸福服务。保尔·瓦雷里对这种低自我的人的谦虚、谦卑形式做出了很好的定义："谦虚者是那些首先认为自己是全人类的一份子，而不是拥有自我优越感的人。比起各自的不同和特殊，他们对共同的相似之处更加关注[12]"。

因此，低自我模式为我们开启了自我放大的模式，即与自我中心主义引起的自我缩小相反的行为。这种模式使我们承认我们没有与他人或世界分离，我们在根本上都是互相联系的。因此，这不是一个补偿态度，也不是对我们不爱自己或认为自己不如别人的事实的反应。相反，这个思想旨在尽可能地放大自

---

[11] 利里和瓜达尼奥（Guadagno），2011 年。
[12] 《如同》（Tel que），巴黎，伽利马出版社，1941 年，第 107 页。

我概念，以融入他人的方式，从我们的亲朋好友扩大到全人类。因此，自我放大使我们与剩余世界联系起来，而不会处于相反状态或有别于他人。

阿尔伯特·爱因斯坦在 1950 年的一封信中这样美好地写道："人是我们称之为'宇宙'的整体的一部分，局限于时间与空间里。每个人所体验到的自我、思想与情感就好像一种意识产生的视觉幻象，与外部世界分隔开来。这个幻象对我们来说像一座监狱，将我们囚禁于个人的欲望里，以及亲朋好友的感情里。我们应该扩大我们同情心的范围，拥抱所有生灵和美好的大自然，才能挣脱自我的牢笼[13]。"

---

[13] http://en.wikiquote.org/wiki/Albert_Einstein

结论

清醒

————

我们打破在栅栏后囚禁生活的事物，

竭尽全力以自身的力量释放真实的生活……

————

埃蒂 · 伊勒桑（Etty Hillesum）

————

一天，阿凡提的一个邻居来看他，向他诉说他的不幸。他看起来显然因最近发生的事情忧心忡忡，这样那样的问题，再加上他对世界发展问题的担心。阿凡提坐在长椅上，静静地在朋友身旁听他诉说，一言不发。突然，当他的邻居还在继续悲叹他的命运时，阿凡提脸色一变，说：

"邻居啊，你想不工作养家对吗？"

"是的。"邻居说道，刚刚抱怨前不久去外地卖东西的事。

"邻居，你想无论什么时候，只要你想，就可以躲在阴凉的树荫下休息吗？"

"正是。"邻居开始渐露喜色。

"邻居，你想无忧无虑地度过愉快的时光，不惦记任何人吗？"

"当然了！"邻居的脸上泛起对焕然一新、梦想般的生活的期待。

"邻居，你想只在你需要的时候，别人为你付出情感，却不图回报吗？"

"正是如此，阿凡提！你真是有远见！"邻居激动地说。

这时，阿凡提从长椅上一跃而起，朝村子的方向跑去。邻居也起身，对阿凡提喊道：

"阿凡提，你去哪啊？"

"我赶去清真寺，祈求真主把你变成一只猫！"

这部著作的第一部分主要叙述的是我们对现实采取不同的理想化策略，将我们的幸福限制在条条框框里，阻碍我们欣赏世界原有的样子。例如：博彩的成功就体现了这一趋势。虽然我们只有十万分之一的概率[1]中大奖，但还是有不计其数的人每天买彩票，为自己更好的生活赌上一把。

在我去印度南部旅游期间，我认识了马克，一位忧虑而热情的年轻人。一月，气候宜人，而我的伙伴走在路上很快大汗淋漓，原来是因为他无论走到何处，都要背着一条看起来对他格外珍贵的厚地毯。我琢磨着这条地毯到底藏着什么秘密让他对它这么关切。一天晚上，他对我娓娓道来：当时他第一次去印度旅行，几周前，他去了一个集市。在几个人的威胁下，他不得不买下这条天价地毯。这使他极度沮丧，他发誓无论走到哪都要带着这条地毯，以不再两次损失他的钱。但我可怜的朋友实际上每天都付出了代价：运输的疲惫、照看的焦虑和每次看到或放下他的地毯时涌现的回忆带给他困难的情感。他被深

---

[1] http://leplus.nouvelobs.com/contribution/79-loto-keno-euromillions-pourquoi-ca-ne-sert-a-rien-de-tenter-sa-chance.html

深地套在自己的故事里，以致根本没想到用船运送他的地毯，一次就可以让自己甩掉包袱。

我们没有背过地毯？我们又背了多少？其实我们经常像马克一样，总是想着"应该发生的事"或"本应该发生的事"，我们就这样与生活擦肩而过，既没有看到机遇，也没有解决的办法。然而，无论我们赞同与否，只有现实是真实的。只有当我们不再反复思考"本应该是这样的"，迎接此刻的现实时，我们才能正确行事。马克的不幸清晰地反映了我们的理想主义和对现实的反抗使我们糊里糊涂——这些做法削弱了我们的能力，阻碍我们享受、感知呈现在我们面前所有的选择。

承认现实

针对理想化策略的替代方法可以概括为清醒，清醒可以使我们的幻想破灭，看到本来的现实而不是我们想像的现实，使我们意识到我们的生活总有一天会呈现出不舒适的状态。在清醒的基本含义里，它定义了能够清楚、客观地看待现实中的事物的清醒之人的品质。而假象被定义为意义的扭曲。虽然假象扭曲了现实，但是通常我们大多数人还是对其纠缠不放[2]。

---

[2] 罗伯特·索尔索：《认知心理学》（第六版），波士顿、阿林（Allyn）和巴隆（Ballon），2001 年。

清醒既不表现为麻木不仁，也不会显示出逆来顺受。这是一种使我们不再试图控制我们归根到底无法控制的事物。

如果我们回到区分理想化和清醒的不同上来，那么理想化为了使我们幸福，会将思想固化为"应该是怎样的""本应该是怎样的或本应该发生什么"。我们的配偶"应该"理解我们，或他"本应该"更关心我们。理想化本身拒绝现实。当我在这里谈论现实时，我并不以本体论或绝对意义为目标，而仅仅参照的是此刻出现的情况和背景。清醒使我们以一种对存在更现实的态度承认现实。清醒不再依托评论，让我们站在实际的视角上看问题。与其自言自语说"我本应该早点走"，不如仅仅承认"火车开走了"。承认现实标志着行动、爱或接受的第一步。

索菲度假时有一天收到了她的同事的一条信息，请求她与他紧急会合。索菲担心她的同事可能遇到什么事，想给他打电话，但很快意识到，实际上没有什么紧急事到了不能等到假期结束再解决的。本来事已至此，在她意识到这一点的时候就应该结束了。但索菲开始对她的同事担心起来，反复思考他是否有能力、有责任心，他组织的活动进行得怎么样。索菲囚禁于"应该是怎么样的"牢笼中，白白地身处于离办公室上千千米远的地方，在幽静的环境中，她已不再自由。搅乱她大脑的思绪产生额外的烦恼对她没有半点用处，只会使她独自烦躁不安。

"应该是怎么样的"并不存在，否则这就是现实。此外，我们向往的通常只是我们假象和恐惧的集合。

我喜欢用两个圈作比喻来进行展示：画一个大圈，再在里面画个小圈。外面的圈代表我们无法控制的事物，里面的圈代表我们可以控制的事物。现在思考您担心的问题，尽力区分您可以控制的要素和您几乎无法控制的要素。例如：在大圈里，您可以清楚地记下天气情况或任何与政治或社会经济背景有关的一切。但至于您的老板或您的妈妈那难以相处的性格呢？即使我们很想对这一层面产生影响，但看起来我们并没有这样的影响力，否则我们早就知道了应该怎么办，所以也要把这些要素放到大圈里。在练习结束时，我们发现除了对自己的行为，我们并没有多大影响力。因此，我们越使出浑身力气对抗我们无法控制的事情，我们越容易被激怒而疲惫不堪。

对现实的反抗显然并不平等——我们百分百会失败！不接受以世界本来的样子看待世界并不会使世界变得更好。只有我们行动起来，身体力行，着眼于世界和现实，才能改变世界，改变这个有时对我们苛刻、限制的现实。这是我们唯一可以控制的，而这只是一部分。这就是小圈里的内容，我们的影响就在于此。在这一方面，清醒在于承认我们对什么有影响力，以及我们不能改变什么，这样我们就可以不白白浪费我们的力气，将我们的能量转移到我们可以决定的事情上。

加布里埃尔第一次去马里旅行，回来后诉说着他看到马里人面对生活的困苦，采取坚强乐观的态度后，自己有多受触动。居民面对众多困难，看起来更加倾向于接受生活的不幸，并不看重这些问题。他感觉他遇到的村民比我们能更好地融入生活中，而我们对世界进程的影响也是有限的，他们更加谦虚，因此也更能够享受日常生活中的小欢愉。

人际关系中的清醒

人际关系中的清醒需要我们承认几个事实。第一个事实是相异性。我们行事方式都是各自不同的，但我们经常忘记这个事实。作为人类，我们当然有很多相同的动机（特别是想要摆脱不舒适的动机），但从行动上来说，我们对生活中发生的事情的诠释方式是大大不同的。一个人可以被一个声音触动，而另一个人可能甚至都不会注意到这个声音。此外，我们对关于自己身材、智力水平的评价的接受程度是不同的，需要朋友的关注程度也是不同的。

清醒需要我们承认的第二个事实是非永久性。我们生活中的一切都是不停变化的。例如：想像一下恋爱的感觉。一开始，吸引力和激情充盈着我们的情感，然后，这种情感自然而然让位于不太舒适的情感，比如：嫉妒、厌倦、沮丧、悲伤或焦虑，这些情感随后也会消失。我们一切的情感都会持续一段时间，然后逝去，除非我们想不计一切代价地避免这些情感，否则它们就会持久地驻扎在我们的内心。

由前两个事实引出的另一个事实是试图按自己的想法改变他人的不可能性。的确，当我们想要改变他人时，我们不接受他们本来的样子，结果导致我们远离他们，使彼此关系僵化，而对方更可能表现得不是我们想要的样子。关于夫妻疗法的研究清楚地显示了这一情况：接受对方是彼此和谐生活的关键 [3]。清醒为我们揭示了可以改变的真正地方——在我们的眼里、在我们的心里、在我们自身的行为里。当我们接受了对方本来的样子，而并不是我们想要他是什么样子或不是什么样子时，我们可以更清楚地选择我们的行为。在夫妻关系情况下，理想化会导致试图改变对方，使其符合理想化的模范，或导致内心的沮丧。相反，清醒是一种态度，我们可以选择做出真实的行动：留下来，改变可以改变的地方，接受不能改变的东西，或者选择离开。

---

[3] 雅各布森（Jacobson）、克里斯滕森（Christensen）、普瑞斯（Prince）、科多瓦（Cordova）和埃尔德里奇（Eldridge），2000 年。

清醒使一致成为可能

我们都有我们特别关注的社会准则，但强迫别人遵循这些准则，或让他们符合我们的标准会导致我们做出与这些准则相反的行为。

塞尔日是参与到我的培训中的一位学员，他对我说，遵循准则对他来说是很重要的，甚至是社会运行的前提。例如：他对我说，他在有三条车道的高速公路上开车时，有个人在中间车道以合法速度开车，然而右侧车道是空的，于是他紧紧贴着他，想让他明白应该在右侧车道上开，使交通更加通畅。一天，他骄傲地告诉我，他全程紧紧跟着一个司机，直到终点，看到他颤颤巍巍地下了车。他感觉自己好好教训了这个司机，并没有感觉到惭愧。实际上，他完全没有意识到他的行为完全背离了他捍卫的准则。他以遵循交通规则的名义，完全失去了对他人的尊重。

这就是假象的弊端之一：我们扭曲现实，相信自己并没有错。清醒引导我们遵循对我们重要的准则，而不是期待世界或他人符合我们自己的准则。正如斯宾诺莎所说："至乐不是对道德的奖赏，而是道德本身[4]。"

---

[4] 斯宾诺莎：《伦理学》，1677 年。

智慧行事

不再执意于控制我们无法改变的事物，我们会保存体力，以更有效正确的方式做出行动。因为这样，我们不再以假象或恐惧为条件做出行动。清醒不会导致顺从，而是让我们智慧行事。是假象推动我们无所作为，因为它通常被概括为对理想化的幸福的期待，而理想化的幸福并不存在，或并不由我们决定。安德烈·孔特·斯蓬维尔在他《绝望的幸福[5]》一书中告诉我们"期待的反面不是畏惧，而是了解、行动和享受"，在他给卢西鲁斯的信（Lettre à Lucilius）中引用塞内克（Sénèque）的话，写道："当你不再翘首以盼的时候，我将教你树立触手可及的志向[6]。"当我们对抗现实的时候，我们会突然变得顺从起来。相反，清醒使我们智慧地将我们的能量倾注于真正对我们重要的事物上来。

下面我们可以看到两个相反的行为：阿涅丝反对大企业污染我们美丽的星球的行为，对与他人无异的政治生态学家极为恼火，反对在她的城市突然出现这么多汽车，而且到处乱停乱放。但她对她的丈夫在花园里烧垃圾的行为不管不顾，她也从来不想

---

[5] 安德烈·孔特－斯蓬维尔：《绝望的幸福》（*Le Bonheur désespérément*），巴黎，利布罗出版社（Librio），2002 年。
[6] 同上。

投票："不是城市开始定期回收我们的垃圾就能改变什么的。"
她的儿子热雷米有同样的信念，但他更多地以实际行动诠释自己的信念：他和街道其他朋友成立了农村农业支持协会，他将垃圾分类，记得在市镇名单上登记，以便在下次竞选中提出他担心的重要问题。举这个例子不是为这种或那种行为辩解，而是借热雷米的例子说明，日常生活中具体的行为会使人感觉自己主人翁的角色，因此更不易沮丧，提高参与的积极性。

正因为清醒，我们才意识到，保持使我们相信幸福只取决于外部环境的思维方式是达不到幸福的最佳方法。因此，清醒并不在于不想改变事物，而是不再向自己叙述故事，以正确的方式行动，改变可以改变的事物。

清醒地行动

清醒使我们明白成功是馈赠的礼物，而不是应尽的义务。当然，我们都希望我们的生活顺利、爱情永恒、事业蓬勃发展、孩子学富五车。但如果我们不再将这些希冀当作人生的目的，取而代之的是我们的行动，我们就会将注意力集中在实际行动的具体步骤上，以尽可能靠近我们的标准创造适合自己的环境。清醒的行为是不期待结果的行为，是对行为本身的奖赏。我们照看我们的孩子，因为这是提升自身价值的行为；对我们的团队处事公正，因为这个准则要求我们这样做；对我们同事的这个项目付出更多的心血，因为我们对这个项目有信心。

《博伽梵歌》是写于公元前 5 世纪至公元前 1 世纪的印度北部大史诗《摩诃婆罗多》中的一首颂歌。这首颂歌描写的是班度族和俱卢族这两个庞大军队之间的战争，这两个族群虽然是邻族关系，但为争夺王位变为敌对势力。其中最光荣的战士是班度族的阿朱那，人们都说他所向披靡，他的御者是至尊人格首神奎师那。每当阿朱那吹响战争的号角宣布战争开始时，阿朱那就会想到许多人因战争而亡，其中有他在敌营的亲朋好友，这时他就备感痛心。于是，他向奎师那求助，奎师那中止时间，对阿朱那教导起来。奎师那对阿朱那尤其强调说："你有权做出任何行为，但只是行为，你永远无法控制结果，所以你的行为产生的结果永远不是你的初衷。"

清醒是理解我们行为产生的结果完全不由我们决定的关键。我们的准则如同一座海岬，朝着一个方向，但无法保证任何结果，重要的是欣赏所走的路。当我们的行为符合我们的准则时，行为就会成为行为本身的奖赏。于是，我们可以在每时每刻做到最好，从对结果期待的沉重中解脱出来。这难道不是斯宾诺莎提出的，幸福可能在我们收获的奖赏中比在我们的行动中更少吗？安德烈·孔特·斯蓬维尔解释道："幸福不是我们可以拥有、找到、实现的东西，这就是为什么从某种意义上说，幸福并不存在——幸福并不在'存在'的范畴之内。幸福不是事物，不是存在，也不是状态，而是行为[7]。"

马里·克里斯蒂娜最近刚与她的丈夫离婚，她解释说："我一直以为当我所有的问题都解决了，我的生活就会真正开始。当我们不再有分歧、孩子长大、还清房贷、他终于换了工作时……我们最终会迎来真正的生活！我心心念念地盼啊盼，但在生活的道路上总有阻挡我们的障碍、需要我们解决的问题、需要度过的一段困难时期、需要偿还的贷款。直到我意识到（可能有点晚了）其实并没有什么"然后"，没有我们期待的蔚蓝天空，我所看到的一系列的障碍就是我的生活。"

清醒使我们意识到痛苦是真实存在、与生活不可分割的，使我们冒着风险而生活——爱的风险、参与的风险、失败的风险。清醒绝不是成功的抵押，它什么也不保证。它只是可以使我们尽可能充分地享受生活，但这已经是很大的作用了。我们满怀激情地投入到实现我们计划的过程中，不期待结果，只享受过程本身。快乐不再是不由我们决定的成功的奖赏，而是与我们行为契合的收获，这对我们很重要。无论天空是什么颜色的，我们都要更加充实地生活、爱、行动。

"生命本身就是一份礼物"，玛格达·霍兰德·拉丰在一次访谈中谈及她在死亡营中难以形容的恐怖经历。"当我们把死亡看作现实来迎接死亡时，我们变成了生命的创造者。集中营里每

---

[7] 此摘录来自《法国环球百科全书》中"幸福"词条。

天都充斥着恐惧，但当我们不再对死亡恐惧时，我们每时每刻都在创造生命。"当然，这是极度的清醒，但这番话语强调了，彻底接受与顺从有多么不同。实际上，彻底接受意味着一切，除了顺从。

住在自己心里

我在印度南部的一个小城市里遇见了玛尔特。她对我说，在她退休的几年前，在一次艰难的决裂后，她沦落街头，只靠着社会救济金生存。她告诉我说："我寄宿在朋友家，但我害怕成为他们的负担。所以，为了尽可能不打扰他们，我经常游荡于公共场所，博物馆、图书馆和广场，回去得很晚。相反，不住在自己家里教会我住在自己心里，我这些年在外面寻找却从来没有找到而忽略的东西，那就是平静和安全感。常常被焦虑和恐惧笼罩的我，在自我的内心里发现了安全感和平静。我生命中的这次危机出奇地有益，因为我明白了是没有任何方法可以控制世界的。我的生活发生了翻天覆地的变化，因为我不再恐惧。我随后找到了住房，我的退休金也带给我一定收入。我以前不幸地生活在 100 多平方米的大房子里，而今天我 36 平方米的单身公寓看起来着实像一个宫殿。我的幸福不取决于我拥有什么，我最终知道了一切都不属于我们。我享受我可以吃饱，邀请朋友喝一杯和能够旅游的机会。我最终学会了品味生活这块蛋糕上的所有樱桃。"

因此，保持清醒也是记住我们的生活本可以不同。我们有无与伦比的适应能力，在生活顺利或不顺利的情形中都会起到作用。我们的情感体系喜欢新鲜事物，因此我们使自己适应积极情况比适应消极情况更快。这也解释了为什么我们会很快将幸福视为我们的收获。

我想起了佐薇，她为了一次实习将她的两个孩子留给丈夫照看。团队里的其他女孩都说她运气好，有这么一个让她离开这么久的丈夫，而且还照看孩子，而她不耐烦地回答，她觉得这是天经地义的事，她怎么也不会因这个感谢她的丈夫。最后一天，她对她一开始的反应做出了一个巧妙的回应："我真的很感激我拥有这样的幸运和幸福，因为一切都本可能不是这样。"

这也是美国诗人简·肯庸作的这首诗[8]所谈论的话题：

我起床

以两只健壮的腿。

而事情也许有

---

[8]《另外的样子》，节选自诗合集《否则》，圣保罗，格雷沃夫出版社，1996年。（此诗为李以亮译。——译者注）

另外的样子。我吃

五谷，甜的

牛奶，熟而无疵的

桃子。而事情也许可以

是另外的样子。

我带着狗上山

去桦树林。

整个上午

我做着喜爱的工作。

午间我和丈夫

躺下。而事情也许可以

是另外的样子。

我们一起就餐

桌上摆着银

烛台。而事情也许可以

是另外的样子。

我睡在一张床上，

屋子墙上挂着

一些画，并且

已计划好另一天

和今天一样。

而我知道，有一天

事情也许可以是另外的样子。

清醒最终使我们心怀感激，这种情感使我们更容易充分享受生活中有利的经历。研究表明，感激会长期提升幸福感，甚至是睡眠质量[9]。但感激不仅仅促进个人的快乐，它还使我们走向他人，有利于亲社会行为的发展。在宾夕法尼亚大学的亚当·格兰特教授的一项研究[10]中，实验者付费给实验对象，让他们对工作文件进行反馈，然后传给实验者。接着，实验者要求他们帮助他做一项额外的任务。在其中一组中，参与者收到一条中立的评论（"我收到了您做的工作"）。而给另一组的参与者的是一条充满感激的评论（"我收到了您做的工作，非常感谢，我非常感激您对我的帮助"）。被感谢的参与者对额外的任务更加接受。感激鼓励我们帮助他人，即使这会使我们付出更多的时间或精力[11]。

理想化促使我们，在我们拥有的和我们想拥有的东西之间做比较，在他人有的和我们没有的东西之间做比较，从而导致

---

[9] 伍德，2009 年和 2010 年。
[10] 格兰特和吉诺（Gino），2010 年。
[11] 巴特利特和德斯迪诺，2006 年。

我们产生沮丧和嫉妒的情感。相反，感激是对我们当下情况认可的积极情感。满怀感激的人更不易成为比较的俘虏，也更容易对机遇的到来感到幸福，为别人的优点感到快乐[12]。感激之情与"积极思考"大为不同。感激之情不在于神奇地吸引生活中的积极面，而是坚定地将目光锁定于此刻我们经历的有利方面。清醒使我们选择现实地将目光投向生活的积极面，就像与现实一起做出的决定，而不是拒绝世界本来的样子。

为了了解人对事物的惊叹程度，观察您周围的孩子吧。拉斐尔是我三岁的小侄子，对世界充满了好奇心——一根草茎、一只昆虫的行踪、云朵的形状、父亲的鬼脸。在森林中与他漫步永无止境，他什么都想探索、触摸。

帕特丽夏，这位我在之前谈到的去世的朋友，直到生命最后的时刻才清醒过来，而且她的清醒带来的是一股出奇强大的力量。在她几乎无法控制任何事的情况下，从临床实验到实验治疗，她可以不可思议地享受生活中的小幸福了。去年春天，在她收到许多爱的祝福的时候，她写道："我继续收到这么多支持我、鼓励我的祝福。我就像一颗嫩芽，这颗嫩芽是枝干的一部分，而这根枝干是大树的一部分……我如今感觉自己就像这颗嫩芽，看着这些小苗开花结果……这些小苗正是你们大家。"

---

[12] 尚克兰（Shankland），2012 年。

从清醒到自由

在本书第一部分里质疑的所有解决办法都有一个特点——都只是假象，即：纠缠于"快乐的幸福"和舒适惬意的生活、活在对自己思想的控制、忘我于追求自尊或缩小自我中心主义里。而我所选的替代方法的共同特点是幻灭，一种在愉悦的清醒参与下被放大的意识：忍耐我们的情绪，即使是不舒适的情绪，不要太注重我们的思想，温和地接受我们的脆弱，放大自我概念。我们的生活更多地被看作是我们要体验的经历，而不是要解决的问题，这使我们为了更好地去爱而行事和生活。

宽容地行事，不要在徒劳的斗争中丧失所有力气，以致喘不过气来；

心无杂念地行事，不要总相信我们大脑对我们叙述的事；

意识到自我脆弱地行事，温和地观察自己，摆脱他人的目光；

忘我地行事，为他人和世界留出更大的空间；

清醒地行事，不要挂念我们行为的结果；

宽容地生活，为了接受的从容；

心无杂念地生活，为了精神的平和；

善待自我地生活；

忘我地生活，为了与整个世界相连，而不是与世隔绝；

最后，清醒地生活，为了张开双臂迎接现实的爱和快乐。

只有做到这些，我们才能获得自由的新形式。为了最终真正地生活，我们追寻着自由，不再期待自我舒适的感觉，不再要求对自己有信心，不再寻求积极思想抑或成为"某人"。幸福不再是目标、理想或义务，而是逐渐发展的方式。今后每一次的幸福时刻都感恩地度过，把它看作一份礼物，一份自我体验、与人分享的礼物。尽情享受吧，因为我们知道幸福不会恒定不变。充分生活吧，度过的每时每刻都有自己真正的味道，历久弥香。

作者注
理论科学基础

这部著作的引文当然很主观——这些引用是为展示、支持我的观点而服务的，所以论述得并不很透彻。科学研究的目的是重新提出问题，但于我而言，科学研究对证明或质疑临床或理论直觉有很大帮助。

在概念和临床方面，被研究出的理论尤其参考的是在行为疗法上被科学证明的潮流，我们称之为"第三浪潮[1]"。

---

[1] 就这一话题，参见我与我的同事朋友亚历山大·黑伦合作的著作《正念与接受：第三浪潮疗法》。

这股潮流以对情感、变化的过程和背景的关注而区分。我们经历的困难更多地被认为是受到阻碍的人际关系的结果，而我们需要消除关系中的障碍。因此，这些方法针对的是心理活动的背景和功能（思考方式、情感），而不是它们的内容、有效性或发生的频率。因此，变化的过程成为比症状学更关键的一点。第三浪潮提出的方法围绕对我们经历的观察、承认、探索和不评论而展开。我们寻求的变化不再定位于人产生的"问题"的内容层面（回忆、困难的情感等），而是着眼于人与问题的关系层面（相信或不相信我们的思想、回避或接受我们的情感……）。在最著名的方法中，有辩证行为疗法[2]、功能分析心理疗法[3]、综合夫妻行为治疗[4]，由作为在法国开拓者之一的克里斯托夫·安德烈提出的基于正念的方法[5]或接受与实现疗法[6]。我尤其是以最后一个方法的科学

---

[2] "Dialectical Behavior Therapy", DBT；莱恩汉（Linehan），1993 年。

[3] "Functional Analytic Psychotherapy", FAP；科伦贝格（Kohlenberg）和蔡（Tsai），1991 年。

[4] "Integrative Behavioral Couples Therapy", IBCT；雅各布森、克里斯滕森、普瑞斯、科多瓦和埃尔德里奇，2000 年。

[5] "Mindfulness Based Cognitive Therapy", MBCT；西格尔（Segal）、威廉姆斯和蒂斯代尔（Teasdale），2002 年。

[6] "Acceptance and Commitment Therapy", ACT；海耶斯、斯特尔萨拉和威尔逊，1999 年。

知识作为研究的基础[7]。

[7] 参考著作为斯蒂文·海耶斯、柯克·斯特尔萨拉（Kirk Strosahl）和凯利·威尔逊（Kelly Wilson）的《接受与实现疗法——一种针对行为改变的经验方法》（*Acceptance and Commitment Therapy-An Experiential Approach to Behavior Change*），吉尔福德出版社，2004 年。

后 记

在读完这部令人耳目一新、有教育意义的《该清醒的时刻到了》之后，通过我们的朋友伊利奥斯·柯苏敏锐的分析，那些向往在生活中绽放的人会明白，重要的是不要使自己迷恋于"可以贩卖的幸福"的陷阱，"方便、快捷、便宜"的极乐的虚妄诺言，"3G冥想[8]"的快餐，对已被帕斯卡尔·布吕克内破除真相的"持续满足"筋疲力尽的追求。没有人早上起来希望自己一整天遭受痛苦，如果可能的话，

---

[8] 由克洛德·克莱雷（Claude Cléret）创造的一种可以快速进入深度冥想的新科技。——译者注

其他日子也不要受苦，但您要知道，如果您奔跑着追求幸福，将它抓在手里不放，那么您会使它背对着您，顽固地滋养您痛苦的根源。

追求人造天堂会将我们领向幻灭的地狱或个人主义危险的假象，这种假象使我们认为自己独一无二，脱离我们拒绝的但以自己的方式运转得很好的社会。复制幸福只会强化不幸。"人人都想幸福，但为了幸福，应该从了解幸福是从什么开始"，让·雅克·卢梭这样写道。

如果人人都以自己的方式规避不幸，度过他们认为值得经历的生活，那么离实现向往还很远。减轻痛苦的方法通常会加剧痛苦。那么这个悲剧性的误解是怎么产生的呢？

第一个假象在于寻找幸福，就好像幸福是某种独立的实体，像孩子急不可耐地期待圣诞节的到来，收到一大堆礼物一样。然而，幸福并不是一个"实物"，而是充满活力的过程、历经风吹雨打成熟的果实、由外部条件决定的某些优点赋予的充实感，然而内在自由、精神力量、善意，以及使我们处理生活中起起伏伏的内在精力的整个能力，这些是由我们的美德产生的，具有不同程度的培养能力。

很多人天真地认为只有外部条件会使我们幸福。我们可以期待荣耀或突然的财富满足我们所有的愿望，但通常由这种事情产生的满足只会短暂停留，而且不会提升我们的幸福感。例如：一项研究显示，大部分彩票获得者在获得一大笔财富后欣喜若狂，但一年以后，他们再次回到他们以前的满意度，甚至是更低的程度。

第二个假象是提升自尊，这已经成为一个潮流，但所有研究证明，提升自尊是需要反对的，因为提升自尊不会仅仅以提高自信心为目的，虽然这是一件好事，但它更多地会产生对自我形象的扭曲。柯苏在他这部著作中很好地展示了这点，在其著作中参考了心理学家罗伊·鲍迈斯特的研究，鲍迈斯特针对自尊进行研究，做出了最完整的综述，概括如下："仅用几个小小的益处就证明学校、父母和治疗学家在提升自尊上付出的所有努力和花费是很值得怀疑的[9]。"他提出自我更要专注于自制力。研究的确显示，自制力强的学生更有可能完成他们的学业，更不可能酗酒、沾染毒品或女孩在青年时期更不可能怀孕。

然而，健全适当的自尊对生活中的自我发展是必不可少的，病态的自我贬低会引起严重心理障碍和巨大的痛苦。健全的自尊提升抵抗力，使我们面对生活中的不幸时，可以保存内力，泰然处之。健全的自尊也会使我们承认、忍耐我们的不完美和局限性，而不会感到自己的渺小。相反，建立在自我膨胀上的自尊只会产生虚假、脆弱的自信。

---

[9] 罗伊·鲍迈斯特:《高自尊的真相——认为你无人能敌并不是承诺的万能疗法》（ *The Lowdown on high self-esteem. Thinking you're hot stuff isn't the promised cure-all* ），《洛杉矶时代》，2005 年 1 月 25 日。

伊利奥斯引用的克里斯汀·内夫和保罗·吉尔伯特的研究清楚地展示了自尊和自我同情的不同。提升自我同情与提高自尊不同，提升自我同情不会伴随着自恋程度的提升，而是从容接受自己的弱点和欠缺，接受是为防止我们责备自己本来的样子，但接受并不意味着顺从。

然后，这种自我同情会产生并促进对其他受苦受难的人的同情。正如克里斯托夫·安德烈所写："为什么让自己挑着生活给我们带来的重担？同情，是希望全人类好起来，包括自己[10]。"

第三个假象在于混淆快乐与幸福。快乐是由感觉、审美或精神的舒适刺激而直接产生的。快乐的短暂体验取决于环境、地点和特殊的时刻。快乐是不稳定的，它产生的感觉会很快趋于平淡或不舒适。实际上，认为幸福是持续不断的快乐感觉更像缓解疲惫的方法，而并不是真正的幸福。虽然快乐的感觉很舒适，但这种感觉并不是幸福。

因此，快乐并不完全是幸福的敌人，一切取决于它的存在方式。如果它束缚了内在自由，那么它就阻碍了幸福的产生；如果它与完美的内在幸福共存，那么它会为幸福增光添彩，而不会使其黯淡无光。如果舒适感被着上眷恋的色彩，备受期待和依赖，那么无论这种感觉是可见、可听、可触、可闻还是可

---

[10] 克里斯托夫·安德烈：《情绪》（Les États d'âme），巴黎，奥迪勒·雅各布出版社，2009 年，第 353 页。

尝的，都会与内心的平静背道而驰。当快乐产生反复不满足的需求时，它就不稳定了。

与快乐相反，真正的满足感源自内心。如果它可以受环境的影响，那么它就没有屈服于环境。随着我们体验到满足感，这种感觉会一直持续，不断增加，而不会转变成它的反面。在这里确切指的是存在的方式，来自思想作用的敏锐洞察力的平衡状态。

在佛教中，"soukha"这一术语指的是幸福的状态，源自极其安静平和的精神状态。这是一个优点，暗示着、浸透于我们每一次体验、每一个行为中，拥抱所有的快乐和痛苦。这也是智慧的状态，摆脱精神毒药和认识，挣脱对事物真正属性的盲目的束缚。"Soukha"与理解我们思想的作用方式是紧密相关的，它取决于我们诠释世界的方式，因为，世界是很难改变的，相反，感知这个世界的方式是可以转变的。

改变我们的世界观并不意味着天真的乐观主义，更不是为了补偿不幸的人造满足感。当充斥我们思想里的混沌产生的不满足和沮丧感成为我们的日常，长时间重复着"我很幸福！"只是毫无意义的练习，就像重新粉刷倒塌的墙壁。追寻幸福不在于看见"玫瑰人生"，也不是看不见世界的苦难和不完美。

幸福也不是我们必须不计一切代价地延续的兴奋状态，而是消除从字面意思上看有毒害思想的精神毒药，如：仇恨和迷恋。因此，应该更好地了解思想的作用方式，更加正确地感知现实。

总而言之，"soukha"是持续的满足状态，当我们摆脱了精神的盲目和冲突情感的束缚时，它才会显现出来。这也是智慧使我们能够感知这个世界本来的样子，无需遮掩，也不扭曲。最终，饱含深情的善意的快乐照耀着他人。

伊利奥斯·柯苏的这本书教会我们，怎样不在追逐量身定做的幸福那抓不到的彩虹上白白浪费时间，怎样不将注意力集中于自我重视的剧烈情感、我们微不足道的快乐和不快的感觉、由我们期望和担心的旋风刮来的享乐主义上。我们需要做的是，保持平和的智慧和内在的自由构成的清醒，自然而然地向他人敞开心扉。

马蒂厄·里卡尔

致 谢

我诚挚地向罗贝尔·拉封出版社团队表示感谢，特别是妮科尔·拉泰对这个项目的信任，对我的鼓励和支持；感谢西尔维·德拉叔的热情和付出；感谢让娜·博拉塔夫－巴尔齐莱的耐心、友好和陪伴。我十分感激我的好朋友欧赞·阿克瑟耶克，在印度愉快的旅游期间，我与他就本书中的话题进行了深入的交流。感谢马蒂厄·里卡尔和克里斯托夫·安德烈的友情支持，感谢他们为了世界的人道主义创作的著作和实施的具体行动带给我的灵感。我也非常感谢阿涅丝·勒西尔、梅里·哈弗、纳塔利娅·雷西蒙和盖尔·维托尔斯基，慷慨、仔细地校对这本书，感谢帕特里克·勒唐格尔和安尼可·菲洛以他们的职业视角友好地丰富了这部著作。

书中的例子和临床实验都源自真实的故事，但所有名字都是化名，背景也有所更改，除了我的朋友帕特丽夏是真实姓名，在这里谨以此书献给她。感谢参与到我的培训中的学员对我的信任，对我吐露他们的变化。对我的生活而言，与他们一起工作是真正的灵感之源。

本书的创作还要归功于科学研究。在这里不能一一列举每一位作者，所以我感谢全体科研团队，尤其是凯利·威尔逊和斯蒂文·海耶斯。

最后，我要特别感谢我的妻子卡罗琳·勒西尔，特别是在创作此书期间，我和她在葡萄牙南部一起度过了愉快、宝贵的时光，如果没有她无可挑剔的中肯的意见和支持，这部著作今天是不会问世的。

推 荐

"这本书轻松欢快、清新自然、散发能量，将会使您内心愉悦、精神迸发。"

克里斯托夫·安德烈

幸福好似我们这个时代新的圣杯——我们越去寻找它，它看起来越会避开我们。这就是我们大多数人寻找的假象：理想化而无法实现的幸福、毫无痛苦的生活、总是积极的情感、无懈可击的自尊，以及始终如一的个人充分发展。这些假象使我们可悲地陷入自我中心主义，忽略了生活的本质——尽管生活坎坷，我们仍可以幸福。

伊利奥斯·柯苏邀我们一起分享使人容光焕发的清醒，挫败这些迷惑人的思想，探索真正的幸福的条件。他向我们智慧而幽默地解释了敏锐的意识是怎样使我们敞开心扉，忍耐、温和地对待、更深入地理解我们的情感的，以使我们接受自己的脆弱，将其视为宝藏，在自己身上发现持久的快乐，由我们生活中真正的美好和价值带来的快乐。

伊利奥斯·柯苏在布鲁塞尔自由大学、鲁汶管理学院和萨瓦大学参与有关情商和正念的研究，他成立了涌泉（Émergences）协会，为团结项目提供资金支持（www.emergences.org）。他已出版许多著作，如：《情商小练习簿》（Petit cahierd'exercices d'intelligence émotionnelle）（Jouvence 出版社，2011 年）、《正念和接受：第三浪潮疗法》（Pleine conscience et acceptation : les thé rapies de la troisiè me vague）（De Boeck 出版社，2011 年）和《我愿意改变》（生活·读书·新知三联书店，2015 年）。

马蒂厄·里卡尔后记

图书在版编目（CIP）数据

在喧闹的世界里清醒地活 / (比) 伊利奥斯·柯苏著; 王新宇译 . — 武汉:
武汉大学出版社，2017.3（2022.3重印）
ISBN 978-7-307-18953-9

Ⅰ . 在… Ⅱ . ①柯… ②王… Ⅲ . 心理学—通俗读物 Ⅳ . B84-49

中国版本图书馆 CIP 数据核字 (2016) 第 315115 号

Original title: *Éloge de la lucidité* by Ilios Kotsou: © Editions Robert Laffont,
Paris, 2014
Current Chinese translation rights arranged through Divas International, Paris
迪法国际版权代理（www.divas-book.com）
本书原版书名为 *Éloge de la lucidité* , 作者 Ilios Kotsou, 由 Robert Laffont 公司
2014 年出版。
版权所有，盗印必究。
本书中文版由 Divas International 版权代理公司授权武汉大学出版社出版。

责任编辑：袁侠 刘汝怡 责任校对：叶青梧 版式设计：刘珍珍

出版发行：**武汉大学出版社** （430072 武昌 珞珈山）
　　　　　（电子邮件：cbs22@whu.edu.cn 网址：www.wdp.com.cn）
印刷：北京一鑫印务有限责任公司
开本：880 × 1230 1/32 印张：7.5 字数：141 千字
版次：2017 年 3 月第 1 版 2022 年 3 月第 2 次印刷
ISBN 978-7-307-18953-9 定价：39.80 元